普通高等教育电子信息类系列教材

Altium Designer 电路板设计与制作

主　编　张明宇　刘　佳　张俊凯
副主编　顾　礼　李　博　赵　航
参　编　张　帆　单云霄　沙　巍　孙景旭
　　　　陈荣军　李　刚　史春蕾　桂镕峰

机械工业出版社

本书基于 Altium Designer 10 软件编写而成，共 11 章，依次介绍了 Altium Designer 10 基础、原理图设计、原理图绘制、元件库制作、层次原理图设计、原理图编译检查与报表文件输出、印制电路板设计、印制电路板绘制、元件封装制作、PCB 报表生成、综合案例等。

本书从软件的发展历史、安装和初始化环境开始介绍，内容由浅入深，便于学生理解和领会。每章开始都列有重点内容和技能目标，使教师在教学和学生在学习过程中做到有的放矢。

本书可作为普通高校电子信息、自动化、测控通信等专业的教材，还可作为 EDA 领域专业人员的实用参考书。

（编辑邮箱：jinacmp@163.com）

图书在版编目（CIP）数据

Altium Designer 电路板设计与制作/张明宇，刘佳，张俊凯主编.
—北京：机械工业出版社，2020.7（2024.2 重印）
普通高等教育电子信息类系列教材
ISBN 978-7-111-65773-6

Ⅰ.①A… Ⅱ.①张… ②刘…③张… Ⅲ.①印刷电路-计算机辅助设计-应用软件-高等学校-教材 Ⅳ.①TN410.2

中国版本图书馆 CIP 数据核字（2020）第 094512 号

机械工业出版社（北京市百万庄大街 22 号 邮政编码 100037）
策划编辑：吉 玲 责任编辑：吉 玲 陈文龙
责任校对：王 欣 封面设计：张 静
责任印制：常天培
北京中科印刷有限公司印刷
2024 年 2 月第 1 版第 5 次印刷
184mm×260mm·17.5 印张·432 千字
标准书号：ISBN 978-7-111-65773-6
定价：48.00 元

电话服务 网络服务
客服电话：010-88361066 机 工 官 网：www.cmpbook.com
　　　　　010-88379833 机 工 官 博：weibo.com/cmp1952
　　　　　010-68326294 金 书 网：www.golden-book.com
封底无防伪标均为盗版 机工教育服务网：www.cmpedu.com

前　言

　　印制电路板（Printed Circuit Board，PCB）是承载电子元器件并连接电路的桥梁，被称为"电子产品之母"，几乎所有的电子产品都包含一个或多个 PCB。PCB 是所有电子元器件、微型集成电路芯片、现场可编程门阵列（Field Programmable Gate Array，FPGA）芯片、机电部件以及嵌入式软件的载体。PCB 产业的发展水平在一定程度上反映了一个国家或地区电子信息产业的发展速度与技术水准。在当前5G、云技术、大数据、人工智能、共享经济、工业 4.0、物联网等加速演变的大环境下，PCB 产业将成为整个电子产业链中承上启下的基础力量。目前，PCB 的设计和应用越来越复杂，需要更复杂的电子自动化设计软件来支持，这其中计算机辅助设计（Computer Aided Design，CAD）起到了很大的作用。设计者使用计算机来完成电子线路的设计过程，包括电路原理图的编辑、电路功能仿真、工作环境模拟、PCB 设计（自动布局、自动布线）与检测等。

　　Altium Designer 是 Altium 公司推出的一体化的电子产品开发系统，主要运行在 Windows 操作系统中。该软件将原理图设计、电路仿真、PCB 绘制编辑、拓扑逻辑自动布线、信号完整性分析和设计输出等技术完美融合，为设计者提供了全新的设计解决方案，使设计者可以轻松进行设计，熟练使用这一软件将使电路设计的质量和效率大大提高。

　　本书根据应用型人才培养的教学要求，讲解用 Altium Designer 10 软件进行电路板的设计与制作。部分章节中以设计实例加强学习效果。各章的综合实例可以进行课堂同步演练，以提高学生的动手能力，达到学以致用的教学目的。本书从软件的发展历史、软件的安装和软件的初始化环境开始进行介绍，按照原理图设计、电路板绘制等分步骤、分层次地安排内容，由浅入深，便于学生理解和领会。每章开始都列有重点内容和技能目标，使教师在教学和学生在学习过程中做到有的放矢。本书也是广东省教学质量工程建设项目（特色专业——物联网工程）的成果。全书主要内容如下：

　　第 1 章主要介绍 Altium Designer 10 的发展历程、特点、安装、基本操作、界面功能等内容。

　　第 2 章主要介绍如何进行原理图环境参数设计并设计原理图。

　　第 3 章主要讲解常用的基本元素绘制方法。

　　第 4 章主要讲解如何使用元件库编辑器和制作元件。

　　第 5 章主要介绍层次原理图的设计和层次原理图之间的切换。

　　第 6 章主要介绍电气规则的检查方法和元件列表的生成方法。

　　第 7 章主要介绍印制电路板设计的基本概念和编辑环境。

　　第 8 章详细介绍绘制电路板的尺寸、形状和板层的设置，载入网络表与元件，学习 PCB 绘图工具栏，对元件进行布局、布线，完成设计规则检查等具体操作。

　　第 9 章主要介绍元件封装编辑器的操作方法。

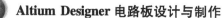

第 10 章介绍 PCB 信息报表的生成方法。

第 11 章主要以单片机实验系统的设计为例，介绍整个工程项目的设计过程。

本书由张明宇、刘佳和张俊凯任主编；顾礼、李博和赵航任副主编。第 1～3 章由张明宇编写，第 4～7 章由刘佳编写；第 8 章由赵航编写；第 9 章和第 10 章由张俊凯、顾礼、李博编写，第 11 章由张帆、单云霄、沙巍、孙景旭、陈荣军、李刚、史春蕾和桂镕峰编写。吉林师范大学张纪同学，吉林工程技术师范学院刁剑、张佳宝、李利国、王孟航、张鹤、焦晶、王禹迪、刘旭等同学对本书实例编写提出了宝贵的意见，在此一并表示感谢！

由于编者水平有限，书中难免有错误遗漏之处，敬请读者及时批评指正，不胜感激！

编者

目　录

VI

第1章
Altium Designer 10 基础

📝 **重点内容：**
1. 了解 Altium Designer 的发展过程和特点。
2. 掌握 Altium Designer 10 的主窗口组成及各部分功能。

📥 **技能目标：**
1. 掌握 Altium Designer 10 软件的安装、启动和关闭。
2. 掌握 Altium Designer 10 界面的窗口组成及各部分作用。

随着电子科技的蓬勃发展，新型电子元器件层出不穷，电子线路变得越来越复杂，电路的设计工作已经无法单纯依靠手工来完成，越来越多的设计人员开始使用高效、快捷的计算机辅助设计（Computer Aided Design，CAD）软件来进行辅助电路原理图、印制电路板（Printed Circuit Board，PCB）图的设计、各种报表的打印。Altium Designer 10 在单一设计环境中集成电路板设计和现场可编程门阵列（Field Programmable Gate Array，FPGA）系统设计、基于 FPGA 和分立处理器的嵌入式软件开发以及 PCB 图设计、编辑和制造等功能。本章主要介绍 Altium Designer 10 的发展历程、特点、安装、基本操作、界面功能等内容。

1.1 Altium Designer 10 概述

1.1.1 Altium Designer 10 简介

Altium Designer 起始于 1985 年，由 Nick Martin 创建了首个版本 Protel PCB，Altium 公司（前身为 Protel 国际有限公司）开创后一直在研发、创作和销售电子设计工具（软件和硬件）。除了全面继承包括 Protel 99SE、Protel DXP 在内的一系列版本的功能和优点外，Altium

Designer 在单一设计环境中集成了电路板设计、FPGA 系统设计、SOPC（System On a Programmable Chip，可编程片上系统）系统设计、基于各种嵌入式处理器的系统设计，以及 PCB 版图设计和编辑功能，具有将一个嵌入式系统从概念转变成最终方案所需的全部功能，其产品的发展历程如下：

1985 年诞生 DOS 版 Protel。

1991 年发行了 Protel for Windows 版本；1998 年发布了 Protel 98 版，针对 Microsoft Windows NT/95/98 的全套 32 位设计组件，极大地提高了软件性能；1999 年推出 Protel 99 版，构成从电路设计到真实电路板分析的完整体系的概念。

2002 年推出 Protel DXP，集成了更多工具；2004 年推出 Protel DXP 2004，集成了 FPGA 设计模块；2006 年推出 Altium Designer 6.0 版，打造了一体化电子产品开发系统的一个新版本。

2008 年推出 Altium Designer Summer 08 版，将 ECAD 和 MCAD 两种文件格式结合在一起，为用户带来了全面验证机械设计（如外壳与电子组件）与电气特性关系的能力，还加入了对 OrCAD 和 Power PCB 的支持能力；2009 年推出 Altium Designer Winter 09 版，引入新的设计技术和理念，全三维 PCB 设计环境，避免出现错误和不准确的模型设计。

2010 年推出了 Altium Designer 10 版本，首次提出了数据保险库技术概念，并一直沿用至今。2013 年发布的 Altium Designer 13 中引进了 DXP2.0 技术，其下一代集成平台将会把 Altium Designer 软件开放给第三方开发者；2014 年发布了 Altium Designer 14 版本，新增加了多个功能，包括真正的装配变量支持、折叠刚柔 step 模型导出、提高等长调整的布线速度和效率、极坐标网格放置元器件自动旋转等。

2018 年推出了 Altium Designer 19，本次升级对 Altium Designer 附加功能进行了更新，打造了 Dark 暗夜风格的全新 UI（User Interface，用户界面）。

本文主要讲述 Altium Designer 10 软件的具体操作方法，该软件具有综合电子产品一体化的特点，其主要功能如下：

1）原理图设计：主要用于电路原理图的设计、仿真，既可作为单独设计电路图的工具，也可视为 PCB 设计的前期准备，图 1-1 所示为 *RC* 滤波电路原理图。

2）PCB 设计：主要用于 PCB 的设计，图 1-2 所示为 *RC* 滤波电路 PCB 图。

3）FPGA 设计系统：利用 VHDL、Verilog 或者 C 语言实现可编程逻辑设计，主要用于对 FPGA 的设计，并进行仿真分析，其主要针对数字电路。

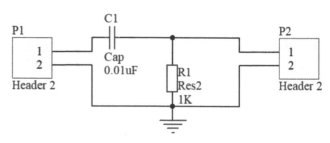

图 1-1　*RC* 滤波电路原理图

4）电路模拟仿真：可以用来验证工程师所设计的电路原理图能否满足功能需求，或分析电路中由于某些元件自身参数的离散性，或外部环境温度的变化而对电路的影响等。

5）信号完整性分析（机理、模型、功能）：可以在原理图或 PCB 编辑器内实现信号完整性分析，并且能以波形的方式在图形界面下给出反射和串扰的分析结果。

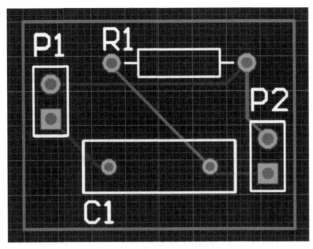

图 1-2　*RC* 滤波电路 PCB 图

1. 1. 2　Altium Designer 10 的主要功能

在 Protel 99SE、Protel DXP 2004 和 Altium Designer 06 等软件的基础上，Altium Designer 10 又融入新的功能和技术，使得用户可以更便捷地进行产品设计。Altium Designer 10 的主要功能如下：

1. 数据管理解决方案

Altium Designer 10 提供了一个具有创造性和革命性的智能数据管理系统，可以有效地识别并解决许多导致设计、发布和制造等进程缓慢的各种问题。该数据管理解决方案的重要组成部分是一个元器件管理系统，该系统提供了真正的生命周期追踪功能和元器件检验的独立性。Altium Designer 10 提供了一个强大的高集成度的电路板设计发布过程，它可以验证并将设计和制造数据进行打包，这些操作只需一键完成，从而避免了人为交互中可能出现的误差。发布管理系统可以确保所有包含在发布中的设计文件都是最新的，并与存储在版本控制系统中的相应文件保持同步。

2. 支持完整的生命周期管理产品和功能更新

Altium Designer 10 可以利用完整的生命周期（从概念和设计，经由原型和产品，到折旧和废弃）来开发并管理设计的电子产品。通过全新的安装和内容交付系统，以及 Altium Subscrption（软件升级及年度客户服务计划），可访问发布的新功能并随时保持更新；可以通过一个内容流水线持续不断地从公司获得最新的技术和解决方案的更新。

3. 导出到 Ansoft HFSS^{TM}

对于那些需要用到 RF（Radio Frequency，射频）和几 GHz 频率数字信号的 PCB 设计，可以直接从 PCB 编辑器导出 PCB 文档到一个 Ansoft Neutral 格式文件，该格式文件可以被直接导入并使用 Ansys ANSOFT HFSS^{TM} 3D Full-wave Electromagnetic Field Simulation 软件来进行仿真。Ansoft 与 Altium 合作提供了在 PCB 设计以及其电磁场分析方面的高质量协作能力。

4. 导出到 SiSoft Quantum-SI^{TM}

Altium Designer 的 PCB 编辑器支持保存 PCB 设计时同时保存详细的层栈信息以及过孔和焊盘的几何信息，并保存为 CSV 文件，该文件可用作 SiSoft 的 Quantum-SI 系列信号完整性分析软件工具。SiSoft 与 Altium 合作特别为 Altium Designer 用户提供了最理想的 Quantum-SI 可接受的导入格式。

5. 支持 PCB 3D 视频

Altium Designer 10 具有生成 PCB 3D 视频文档的功能，利用简单的一系列 PCB 三维画面的快照截图（类似于关键帧），可以形成 PCB 3D 视频的内容。对于这一系列按顺序排列的每一个后来的画面关键帧，都可以调整其缩放比例，平移或者旋转等所有相对之前的关键帧的设置。输出时，画面帧的顺序采用强大的多媒体发布器导出为视频格式，一个可配置的输出媒介被单独添加到 Altium Designer 10 以用于生成 PCB 3D 视频。其结果就是一系列画面帧按顺序平滑地内插到关键帧系列。

6. 统一的光标捕获系统

Altium Designer 的 PCB 编辑器具有很好的栅格定义系统，通过可视栅格、捕获栅格、元件栅格和电气栅格等，可以帮助用户有效地放置设计对象到 PCB 文档。Altium Designer 10 已休整并且随着统一的光标捕获系统的到来达到一个新的水平。该系统汇集了三个不同的子系统，共同驱动并达到将光标捕获到最优选的坐标集：用户可定义的栅格，可按照个人喜好选择直角坐标和极坐标；捕获栅格，它可以自由地放置并提供随时可见的对于对象排列进行参考的线索；以及增强的对象捕捉点，使得放置对象的时候自动定位光标到基于对象热点的位置。用户可按照合适的方式，使用这些功能的组合，以确保用户轻松地在 PCB 工作区放置和排列对象。

7. PCB 中类的结构

在将设计从原理图转移到 PCB 时，Altium Designer 提供对高质量、稳定的类（器件类和网络类）创建功能的支持，Altium Designer 10 将这种支持提升到一个新的水平，可以在 PCB 文档中定义生成类的层次结构。从本质上讲，可以按照图纸层次将元件或网络类组合到从那张图纸生成的一个母类，而这个母类本身也可以是它上面的一个母类的子类，如此一路到设计中的顶层图纸。而顶层生成的母类（或叫特级类），从本质上来讲是类的结构层次的源头。这些所有生成的母类都被称为结构类。结构类不仅允许在 PCB 领域中对原理图文档结构进行繁衍和高级导航，而且也可用于逻辑查询，例如，设计规则的范围或者设置条件以进行过滤查找。

8. 支持设计团队协作

Altium Designer 10 支持协同 PCB 设计，多个设计师可以在同一时间对同一电路板进行设计，然后把他们的结果合并在一起。通过新的协作、比较和合并面板，使设计师了解 PCB 当前的状态，并与协作同伴的结果进行比较。单击面板上的命令来显示差异，然后使用差异映射图得到关于谁在电路板上做了些什么的整体视图。在映射图中进行单击以找到感兴趣的区域，然后在工作区中使用右键单击命令来保留更改，或拖拽其他人所做的更改到电路板。甚至还有一个自动命令，可以自动集成所有的与电路板的当前版本不相冲突的更改，并且带来大量来自其他设计师的布线成果。当一切准备就绪，可以将更新保存并提交储存库。每个设计师还可以定义工作区域，确保每个人都知道其他人在何区域工作，以及不能在何区域工作。

对于库方面的协作，Altium Designer 提供了在某一时间更新 PCB 到库元件的最新版本的功能，包含了一个功能强大且可视化比较的工具，以协助 PCB 设计师在更新和改变控制流程方面的工作。

9. 对 Atmel Touch Controls 的支持

当今很多电子产品通常会有一个很酷的用户界面，如按钮、滑条和滚轮等触摸感应控制块。为了适应电子产品中对这种控制块的使用，Altium Designer 10 提供了在 PCB 中创建平面电容性传感器模式的支持，用于 Atmel&reg、QTouch&reg、QMatrix&reg 等传感器控制器。

10. 增强的多边形敷铜管理器

Altium Designer 10 中的多边形敷铜管理器具有更强大的功能，提供了关于管理 PCB 中所有多边形敷铜的附加功能。这些附加功能包括创建新的多边形铺铜、访问对话框的相关属性和删除多边形敷铜等，丰富了多边形敷铜管理器对话框的内容，并将多边形敷铜管理整体功能带到了新的高度。

1.2　Altium Designer 10 的安装

Altium Designer 10 支持在 Windows XP/Win7/Win8/Win10 等环境下安装与运行，其安装流程与大多数工具软件类似。本文以 Win10 操作系统为例，简要介绍安装流程。本例程所述的安装"光盘映像文件"在附带光盘中的 tools 文件夹中，安装的前提条件是计算机已经安装了虚拟光驱软件。

Altium Designer 10 软件的安装步骤如下：

1）进入 Win10 操作系统，找到 Altium Designer 10 软件的光盘映像文件并装载到虚拟光驱。操作步骤：右键单击 Altium Designer 10 的光盘映像文件，在出现的菜单中选择"装载"命令，具体操作如图 1-3 所示，操作后进入图 1-4 所示界面。

图 1-3　装载光盘映像文件

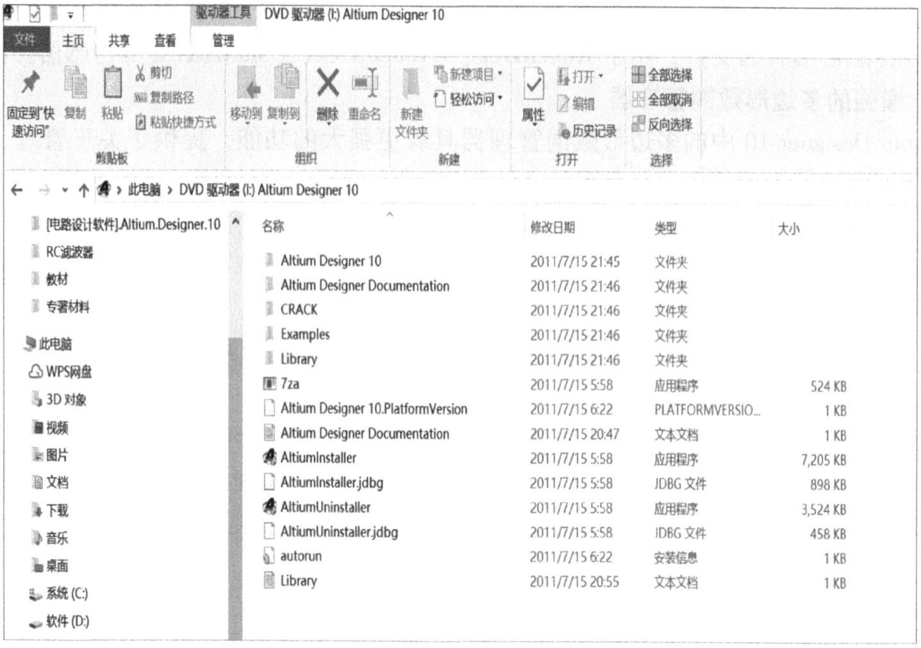

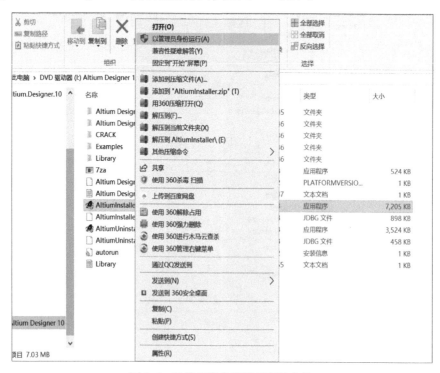

图 1-4　装载后的软件映像文件

2）右键单击 Altium Installer 并在弹出的菜单中选择"以管理员身份运行"命令，如图 1-5 所示。操作后弹出"你要允许此应用对你的设备进行更改吗？"对话框，单击"是"按钮，进入 Altium Designer 10 安装初始界面，如图 1-6 所示。

图 1-5　以管理员身份运行安装文件

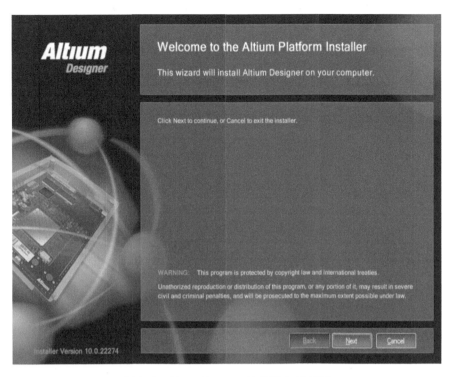

图 1-6　Altium Designer 10 安装初始界面

3）单击"Next"按钮，进入软件安装授权窗口，在"Select language"文本框下拉列表框中选择 Chinese，选中"l accept the license agreement"复选框，如图 1-7 所示。

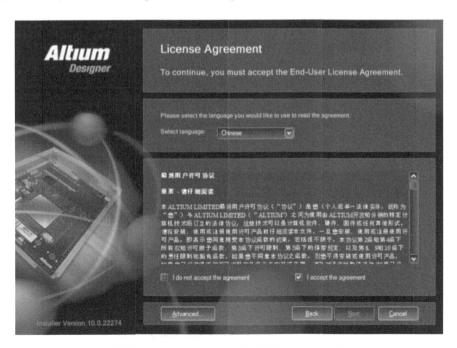

图 1-7　Altium Designer 10 软件安装授权窗口

4）单击"Next"按钮，进入软件版本显示窗口，本例程安装的版本为 Altium Designer 10 的 10.589.22577 版本，本步骤不用做任何选择，如图1-8 所示。

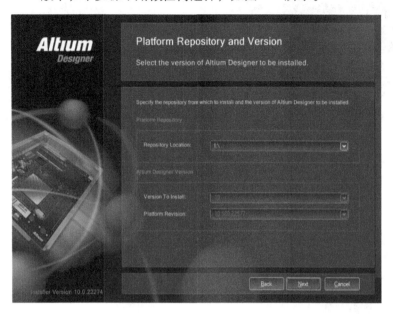

图1-8　软件版本显示窗口

5）单击"Next"按钮，进入安装路径选择窗口，一般默认为"C:\Program Files（x86）\ Altium\AD 10"，共享文档路径一般默认为"C:\Users\Public\Documents\Altium\AD 10"，如图1-9 所示。共享文档为软件元件库的默认存储位置，若软件初始元件库安装不全，可以去官网进行下载。

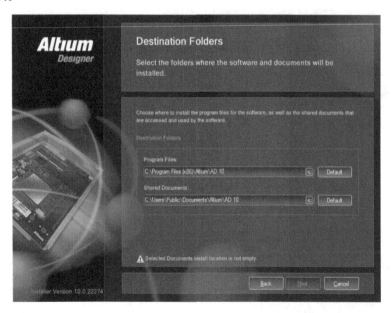

图1-9　Altium Designer 10 安装路径及共享文档路径

6）单击"Next"按钮，弹出对话框提示即将进入程序安装，如图 1-10 所示。单击
"Next"按钮，弹出安装进度窗口，Altium Designer 10 开始安装，如图 1-11 所示。

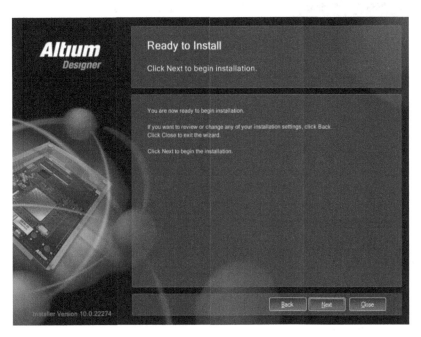

图 1-10　Altium Designer 10 准备安装

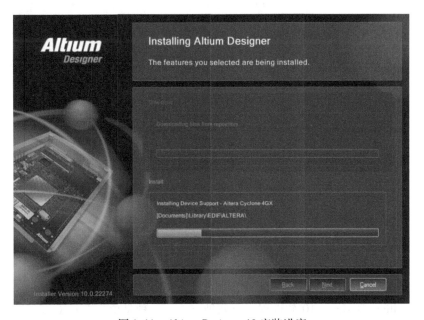

图 1-11　Altium Designer 10 安装进度

7）安装完成后单击"Finish"按钮，完成 Altium Designer 10 的安装，如图 1-12 所示。
软件首次启动时会加载安装库，并且显示软件可用许可证未授权，如图 1-13 所示，关闭
软件。

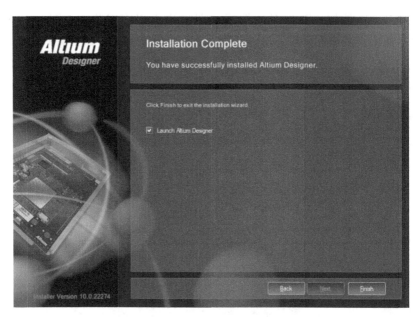

图 1-12　Altium Designer 10 安装完成

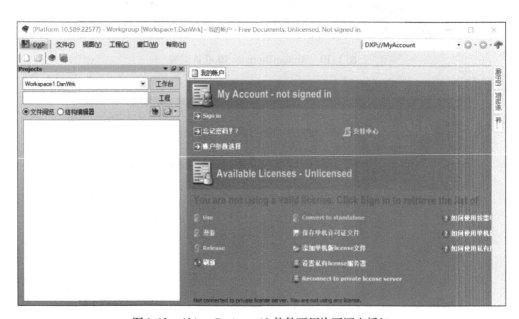

图 1-13　Altium Designer 10 软件可用许可证未授权

8）将购买的许可证文件"license. alf"复制到软件安装文件下，路径为"C：\Program Files（x86）\Altium\AD 10"。

9）启动 Altium Designer 10 软件程序有两种方法：一种是单击 Win10 开始菜单，在常用程序中找到 Altium Designer 10 的程序启动图标（本软件的系统图标名为"Altium Designer Release 10"），单击软件图标，即可启动 Altium Designer 10 如图 1-14 所示；另一种方法是到安装路径"C：\Program Files（x86）\Altium\AD 10"文件夹中，双击软件应用程序图标"DXP"，如图 1-15 所示，也可启动 Altium Designer 10。

图 1-14　Win10 开始面板中 Altium Designer 10 软件启动图标

名称	修改日期	类型	大小
avcodec.dll	2011/2/22 22:57	应用程序扩展	
avformat.dll	2011/2/22 22:57	应用程序扩展	
avutil.dll	2011/2/22 22:57	应用程序扩展	
COPYING.LGPLv2.1	2011/2/22 22:57	1 文件	
CustomInstrumentPkg.bpl	2011/7/6 20:09	BPL 文件	
CustomInstrumentPkg.jdbg	2011/7/6 20:09	JDBG 文件	
d3dx9_30.dll	2011/2/22 22:57	应用程序扩展	
d3dx9_33.dll	2011/2/22 22:57	应用程序扩展	
DrRw40.dll	2011/2/22 22:57	应用程序扩展	
DXP	2011/7/15 18:48	应用程序	
DXP.exe.manifest	2011/7/6 20:09	MANIFEST 文件	
DXP.jdbg	2011/7/6 20:09	JDBG 文件	
DXPSecurityService.exe.manifest	2011/7/6 20:09	MANIFEST 文件	
EULA	2011/2/22 22:57	PDF 文件	
EULA_CN	2011/2/22 22:57	PDF 文件	
EULA_JP	2011/2/22 22:57	PDF 文件	
FastMM_FullDebugMode.dll	2011/2/22 22:57	应用程序扩展	
freebl3.dll	2011/2/22 22:57	应用程序扩展	

图 1-15　安装路径文件夹中软件应用程序图标

10）进入 Altium Designer 10 程序界面时会弹出并行提示对话框，提示并行端口驱动程序不支持 64 位系统，如图 1-16 所示，该对话框属于系统正常提示，不影响软件的正常使用，直接单击"OK"按钮即可进入程序界面。

图 1-16 并口提示对话框

11）进入 Altium Designer 10 程序界面后，选择添加独立授权许可证文件（单击"Add standalone license file"），如图 1-17 所示方框部分。

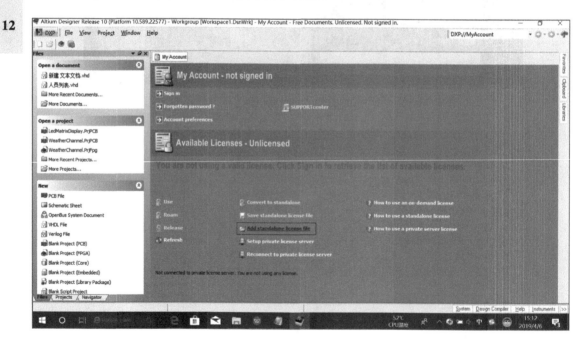

图 1-17 添加独立授权许可证文件

12）选择添加独立授权许可证文件后，弹出文件选择对话框，选择购买的正版授权许可证文件"license. alf"，如图 1-18 所示。然后单击"打开"按钮，进入激活后的软件界面，显示为账户未注册登录，如图 1-19 所示。

13）关闭并重新启动 Altium Designer 10 软件后进入系统默认界面，软件可开始正常使用，如图 1-20 所示。

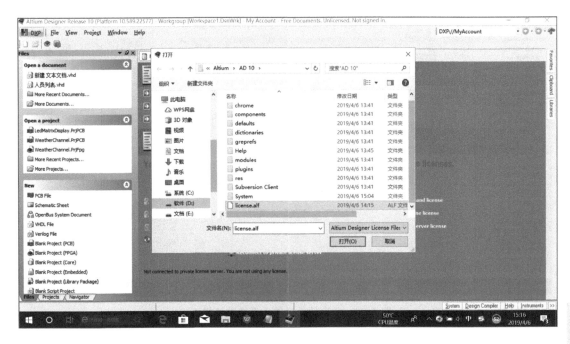

图 1-18　选择已购买的授权许可证文件

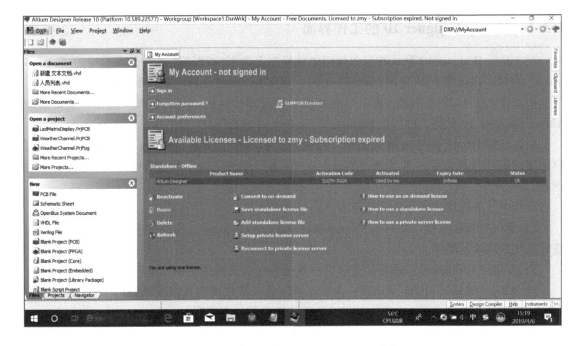

图 1-19　激活后的 Altium Designer 10 软件

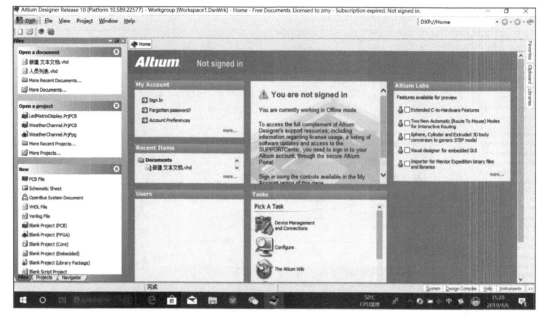

图 1-20　重启软件后进入系统默认界面

1.3　Altium Designer 10 软件界面功能与参数设置

1.3.1　Altium Designer 10 的工作界面

在 Altium Designer 10 默认的工作界面中选择左上角 DXP 图标，选中该菜单中的"preferences"选项，出现图 1-21 所示对话框，选中"Use localized resources"和"Localized menus"复选框，弹出图 1-22 所示警告窗口（重新启动设置才生效），单击"OK"按钮，重新启动 Altium Designer 10 软件，即可把软件的部分菜单文件进行汉化。

默认首页 HOME 中有我的账户、当前条目、用户、任务、Altium 实验室等模块，用户如果需要打开该首页，可选择"View"→"Home"命令，或者单击导航栏中的右上角的图标。

首页中任务模块的部分功能解释如下：

1）器件管理和连接（Device Management and Connections）：选择该选项后，可从首页面查看系统所连接的器件。

2）配置（Configure）：选择该选项后，系统会在首页面弹出系统配置选项。

3）Altium 维基（Altium WIKI）：选择该选项后（软件需要连接互联网），进入维基页面（图 1-23 所示为中文主页），可以上获得关于软件的相关文档资料。

4）文档库（Documentation Library）：选择该选项后，系统会在首页面出现各个设计领域的资源分类页面，用户可从中选择，以查看详细的设计文档。

5）印制电路板设计（Printed Circuit Board Design）：选择该选项后，系统会在首页面弹出 PCB 的操作命令列表。

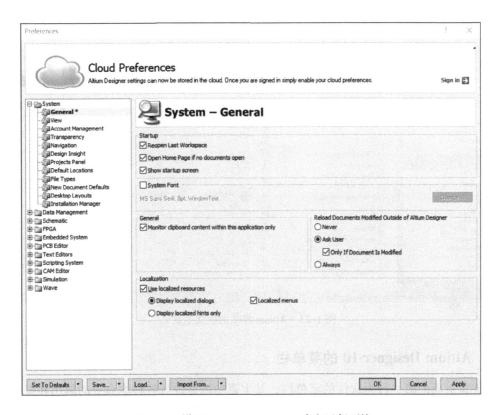

图 1-21　设置 Altium Designer 10 中文运行环境

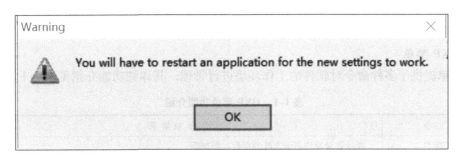

图 1-22　提示重新打开软件设置才生效

6）FPGA 设计与开发（FPGA Design and Development）：选择该选项后，系统会在首页面弹出 FPGA 设计与开发的操作命令列表。

7）嵌入式软件开发（Embedded Software Development）：选择该选项后，系统会在首页面弹出嵌入式软件开发的操作命令列表。

8）库管理（Library Management）：选择该选项后，系统会在首页面弹出库管理的操作命令列表。

9）脚本开发（Scripting Development）：选择该选项后，系统会在首页面弹出脚本开发的操作命令列表。

图 1-23　Altium 维基的中文主页

1.3.2　Altium Designer 10 的菜单栏

软件首页面的第一行为软件的菜单栏，其主要功能是进行各种本命令的调用和操作，包括 DXP、文件、视图、工程、窗口和帮助 6 个菜单（见图 1-24），下面对其进行详细介绍。

图 1-24　Altium Designer 10 菜单栏

1. DXP 菜单

该菜单提供了多种命令对软件的工作环境进行管理，其详细功能介绍见表 1-1。

表 1-1　DXP 菜单功能介绍

命　令	命　令　解　释
我的账户	账号登录及许可证文件的保存、添加等
参数选项	用于系统参数设置，包括资料备份、字体设置、面板显示、环境参数设置等
连接的器件	显示连接的器件、虚拟器件列表和硬件设备
插件更新	显示软件所安装的插件情况
下载	用于对软件的更新
数据保险库浏览器	以基于服务器的软件应用方式、云计算方式，实现电子设计数据的存储和管理
出版的目的文件	为数据存储设置目的地
设计储存库（VCS）	管理软件 VCS 存储库
设计发布	运行特定的服务进程
Altium 论坛	进入 Altium 论坛
Altium 维基	在维基上获得关于软件的相关文档资料

2. 文件菜单

该菜单主要对软件的文件进行管理，包括文件、项目和设计工作区的创建、打开和保存等，其详细功能介绍见表1-2。

表1-2　文件菜单功能介绍

命 令	命 令 解 释
新建	新建各种文件
打开	打开各种文件
关闭	关闭当前文件
打开工程	打开各种工程文件
打开设计工作区	打开设计工作区
检出	生成检出文件
保存工程	保存当前工程
保存工程为	另存当前工程
保存设计工作区	保存当前设计工作区
保存设计工作区为	另存当前设计工作区
全部保存	保存当前所有工作区
智能 PDF	生成 PDF 文件
导入向导	其他版本文件导入 Altium Designer 10 中的设计文件
元器件发布管理器	导入新的元器件
当前文档	显示最近使用的文档
最近的工程	显示最近使用的工程项目
当前工作区	显示最近使用的工作区
退出	退出 Altium Designer 10 软件

3. 视图菜单

该菜单用于查看和调用软件的工具栏、工作区面板、桌面布局等，其详细功能介绍见表1-3。

表1-3　视图菜单功能介绍

命 令	命 令 解 释
工具栏	显示或隐藏各工具栏
工作区面板	调用各工作区面板
桌面布局	控制软件的各窗口布局
Key Mapping	按键映射
器件视图	打开器件视图页面，主要用在 FPGA 系统设计中
PCB 发布视图	运行特定的服务进程视图
首页	打开软件设置首页页面
状态栏	显示或隐藏状态栏
命令状态	显示或隐藏命令栏

4. 工程菜单

该菜单主要用于整个工程，包括添加新工程、添加现有工程、删除项目和保存项目等，其详细功能介绍见表1-4。

表1-4　工程菜单功能介绍

命　　令	命　令　解　释
Compile（编译）	编译选定项目
显示差异	显示与选定项目比较的不同点
安装变量	启动项目工程的变量管理器
添加现有的文件到工程	添加已有文件到当前工程中
从工程中移除	从当前工程中删除选定文件
添加现有工程	打开已存在工程
添加新的工程	新建工程
工程文件	打开项目中的选定文件
版本控制	确定各个版本
存档	进行项目存档
工程参数	设置当前工程的选项

5. 窗口菜单

该菜单主要用于对已打开窗口进行管理，包括水平平铺展示所有的窗口、垂直平铺展示所有的窗口和关闭所有文档三个命令。

6. 帮助菜单

该菜单提供有软件的各项帮助功能，包括知识中心、Altium Designer 起步、Altium 维基、用户论坛、培训中心等。

1.4　Altium Designer 10 文件管理

在开始学习 Altium Designer 10 使用之前，首先介绍软件常用的文件类型和文档组织结构，以便用户以后更好地进行项目工程的开发设计。

1.4.1　文件类型

利用 Altium Designer 10 进行电路设计时，常用到的文件类型有原理图、原理图元件库、PCB 等，常用文件类型介绍见表1-5。

表1-5　Protel DXP 2004 常用文件类型介绍

设计文件名	图　　标	文件扩展名
PCB 工程文件		PrjPCB
原理图		SchDoc

（续）

设计文件名	图　标	文件扩展名
PCB		PcbDoc
集成库工程文件		LibPkg
原理图原件库		SchLib
PCB 封装库		PcbLib
PCB 3D 库文件		PCB3DLib
FPGA 工程文件		PrjFpg
内核工程文件		PrjCor
VHDL 文件		Vhd
Verilog 文档		V
C 源代码文档/C＋＋源头文件		c/cpp
ASM 源文档		asm
C 头文档		h
嵌入式工程文件		PrjEmb
脚本工程文件		PrjScr
CAM 文档		Cam

以原理图的新建、添加和关闭等操作为例，介绍 Altium Designer 10 软件的操作。

1. 新建原理图

新建原理图有以下两种方式。

1）菜单栏："文件"→"新建"→"原理图"，新建原理图如图 1-25 所示。

2）PCB 工程流程标准：首先，建立一个工程项目，操作步骤为"文件"→"新建"→"工程"→"PCB 工程"，如图 1-26 所示；其次，在工作区面板中，单击右键并在弹出的菜单中选择"给工程添加新的"→"Schematic"命令，所建的原理图如图 1-27 所示。

2. 添加原理图

添加原理图操作即打开已有的原理图文件，与其他工程软件类似，选择"文件"→"打开"命令，软件会弹出"Choose Document to Open"对话框，从中选择要添加的原理图文件即可。

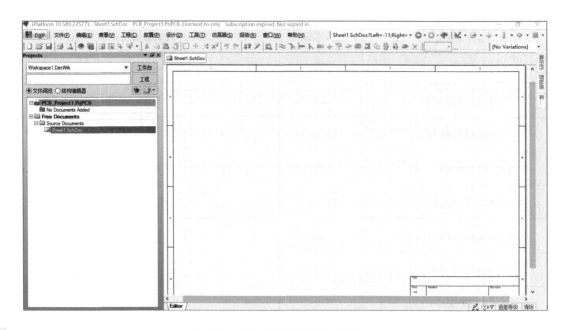

图 1-25　新建原理图（菜单栏方式）

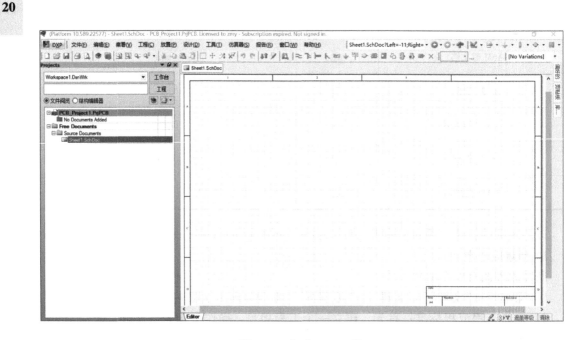

图 1-26　新建 PCB 工程

3. 关闭原理图

关闭原理图有以下三种方式：

1）菜单栏："文件"→"关闭"。

2）原理图：鼠标放在首页 home 旁的 Sheet1.SchDoc 图标上单击右键，在弹出的菜单中

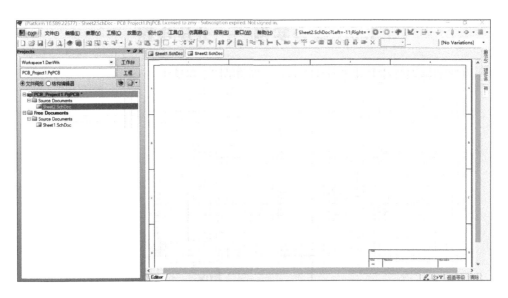

图 1-27　新建原理图（PCB 工程流程标准方式）

选择 close sheet1. SchDoc 命令。

3）工作区面板：鼠标在工作区面板的 Sheet1.SchDoc 图标上单击右键，在弹出的菜单中选择关闭命令。

1.4.2　文档结构

Altium Designer 10 的文档组织结构采用层次结构类。本质上说，把整张图纸上的器件和网络定义成一个子类，这张图纸的上级图纸是它的父类，一直向上直到顶层图纸——层次结构类的最高级父类（或超级类）。层次结构类不仅仅在 PCB 中复现了原理图的层次结构，支持高级导航，而且也可以用在逻辑查询中，例如作为规则设定或者过滤的范畴界定。

工程中每张图纸会自动生成对应的层次结构类，它包括图纸中所有的器件和网络，当转移到 PCB 设计时，工程的层次结构就可以忠实地展现在 PCB 上。换言之按照原理图划分器件和网络，是在 PCB 上建立层次结构类的背后推动力。使用层次结构类，可以定义任何深度的层次。层次结构类主要是由工程中的原理图结构定义的，但可以在 PCB 上根据需要添加、管理和删除层次结构类。设计工作区中设计文档和项目的组织结构如图 1-28 所示。

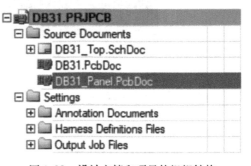

图 1-28　设计文档和项目的组织结构

1.5　综合实例——分压电路

分压电路的原理图和 PCB 图分别如图 1-29 和图 1-30 所示。

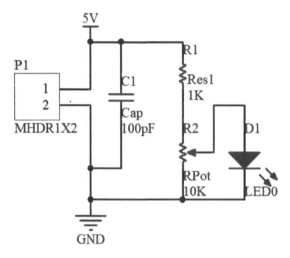

图 1-29　分压电路原理图

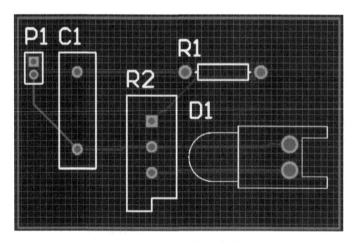

图 1-30　分压电路 PCB 图

1.5.1　电路设计的一般流程

无论是简单的或复杂的电路设计，其一般流程均为"方案对比与分析→方案确定→原理图设计→生成网络表→PCB 设计→输出文档并制作加工 PCB→电路调试"，通过 Altium Designer 10 完成的重点是原理图设计和 PCB 设计。

1.5.2　原理图设计

原理图设计的步骤如下：

【新建原理图并保存】

1）通过菜单栏选择"文件"→"新建"→"原理图"命令，新建原理图。

2）原理图的保存有三种方法：第一种，在菜单栏中直接单击保存 ■ 图标；第二种，选择"文件"→"保存"命令；第三种，在工作区面板的 Sheet1.SchDoc 图标上单击右键后，在右键快捷菜单中选择"保存"命令。三种方法均会弹出图 1-31 所示界面。

3）选择保存路径并输入文档名称，单击"保存"按钮。

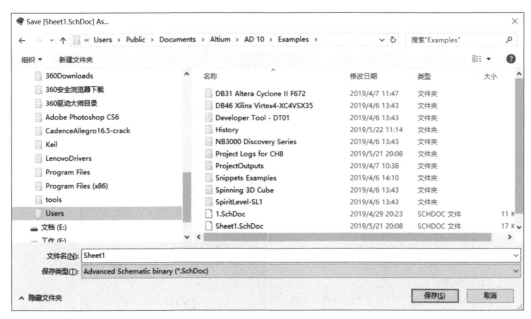

图 1-31　保存新建文档

【放置端口与元件】

4）在菜单栏中选择 GND 端口 ，移动鼠标选定位置后单击左键放置，按〈Esc〉键退出放置状态。

5）在菜单栏中选择 VCC 电源端口 ，移动鼠标选定位置后单击左键放置，按〈Esc〉键退出放置状态。

6）菜单栏中的快捷键如图 1-32 所示，选择放置器件图标 ，弹出元件选择放置窗口（见图 1-33），单击"选择"按钮，弹出元件选择类型窗口（见图 1-34），在默认的 Miscellaneous Devices. IntLib 库中选择"Res 1"并单击"确定"按钮，元件选择放置窗口中的标识"R?"变为"R1"后，单击"确定"按钮，此时元件在鼠标处并可以随光标拖动，选择位置并单击鼠标左键放置 R1 后，此时光标显示另一个元件并可以拖动，单击鼠标右键结束放置，此时返回图 1-32 所示菜单栏，按〈Esc〉键退出放置状态。

图 1-32　菜单栏中的快捷键

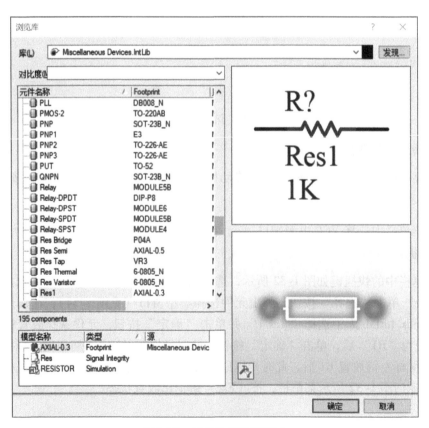

图 1-33　元件选择放置窗口

图 1-34　元件选择类型窗口

7）与操作步骤 6）类似，在 Miscellaneous Devices. IntLib 库中选择"RPot""LED0""Cap"，并按原理图符号修改标识。

8）与操作步骤 6）类似，在 Miscellaneous Connectors. IntLib 库中选择"MHDR1X2"，标识修改为 P1。

【元件摆放和连线】

9）对元件进行摆放，通常可以对元件进行旋转和镜像操作。鼠标选中元件，按住鼠标左键不放，此时显示为十字光标，此时每按一次空格键，即可实现元件逆时针旋转 90°，松开鼠标左键，旋转完成。类似，鼠标选中元件，按住鼠标左键不放，此时显示为十字光标，按键盘〈X〉键即可完成元件镜像操作。利用上述两种操作可以完成原理图中所有元件的摆放。摆放后的原理图如图 1-35 所示。

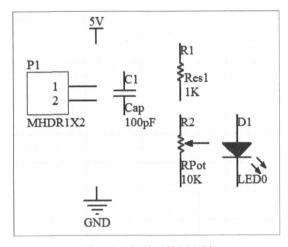

图 1-35　摆放后的原理图

10）在配线工具栏中单击放置线按钮，如图 1-36 所示。

图 1-36　单击放置线按钮

11）将鼠标移到 P1 右上端（1 端口），单击后移至 5V 端口，在此单击后完成导线连接。同理，完成 5V 端口和 C1 上端、C1 上端和 R1 上端、R1 下端和 R2 上端、R2 中端和 D1 上端、P1 右下端（2 口）和 GND 端口、GND 端口和 C1 下端、GND 端口和 R2 下端、R2 下端和 D1 下端的连接，如图 1-37 所示。

1.5.3　PCB 设计

PCB 设计步骤如下：

【新建 PCB 工程和 PCB 文件并保存】

1）通过菜单栏选择选择"文件"→"新建"→"工程"→"PCB 工程"命令，新建 PCB 工程文件。

2）对工程进行存档，右键单击页面左边工作区面板列表中的 PCB Proiect1. PrjPCB 选

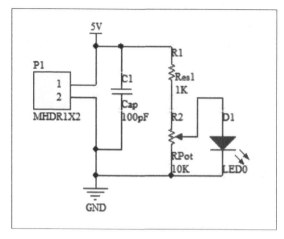

图 1-37　导线连接

项，在弹出的快捷菜单中选择"保存"命令，弹出图 1-38 所示对话框。

图 1-38　保存新建的 PCB 工程

3）选择保存路径并输入文件名"分压电路工程"，单击"保存"按钮。

4）右键单击页面左边工作区面板新保存的 PCB 工程文件，在弹出的快捷菜单中选择"添加现有的文件到工程"命令，选择已完成的原理图"分压电路 . SchDoc"文件，再单击"打开"按钮，完成了将原理图文件添加到当前工程文件下。

5）选择"文件"→"新建"→"PCB"命令，新建 PCB 文件。

6）对文档进行存档，右键单击页面左边工作区面板列表中的 PCB1. PcbDoc 选项，在弹出的快捷菜单中选择"保存"命令，弹出图 1-39 所示对话框。

7）选择保存路径并输入文件名"分压电路"，单击"保存"按钮，此时的工程文档结构如图 1-40 所示。

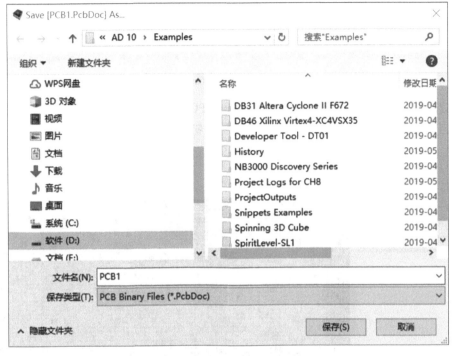

图 1-39　保存新建 PCB 文档

【设置 PCB 文件参数及 PCB 规格】

8）选择"设计"→"板参数选项"命令，系统将弹出图 1-41 所示"板选项"对话框，该对话框可以设置单位、标识显示、布线工具路径和捕获选项等 PCB 参数。

图 1-40　工程文档结构

图 1-41　"板选项"对话框

9）单击 PCB 工作区右下角图板层选择面板上的 Keep-Out Layer 标签，如图 1-42 所示，切换当前板层为 Keep-Out Layer（禁布层）。

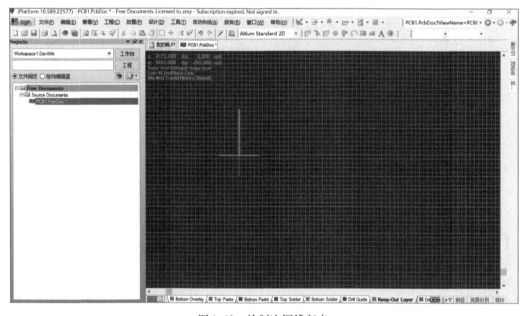

图 1-42　Keep-Out Layer 切换

10）选择"放置"→"走线"命令，进入绘制 PCB 边框线状态，此时光标为十字形，移动光标到工作区适当位置，在起点位置单击鼠标左键确定边框线起点，如图 1-43 所示。

图 1-43　绘制边框线起点

11）移动光标至该边框线的终点，双击鼠标左键确定该边框线。重复上述步骤，绘制其余 3 条边框线。

12）绘制第 4 条边框线时，当光标回到第一条边框线起点时，光标中心会出现一个小圆圈，表示光标与起点重合，如图 1-44 所示，再次单击鼠标左键，完成边框线的绘制，最终的禁止布线区边框如图 1-45 所示。双击鼠标右键，退出绘制 PCB 边框线状态。

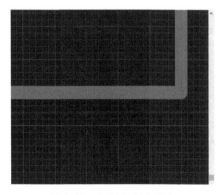
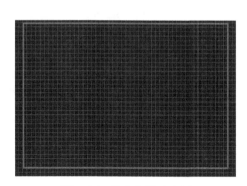

图 1-44　光标与起点重合　　　　　图 1-45　禁止布线区边框

13）选择"设计"→"板子形状"→"重新定义板形状"命令，工作区变成灰色，光标变成十字形，单击禁止布线区外图一格半的栅格位置，确定起点，如图1-46所示。

14）移动光标至该边界线的终点，单击鼠标左键，确定该边界线。重复上述步骤，绘制其余3条边界线，完成PCB边界的绘制。最终PCB边界（黑色栅格区域）如图1-47所示。

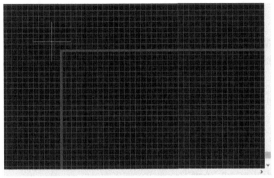

图1-46　确定PCB起点

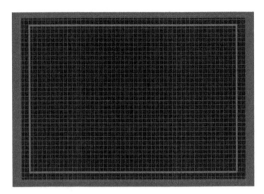

图1-47　PCB边界

【原理图数据导入PCB文件】

15）选择"设计"→"Import Changes From 分压电路工程。PrjPCB"命令，打开图1-48所示"工程变化订单（ECO）"对话框。

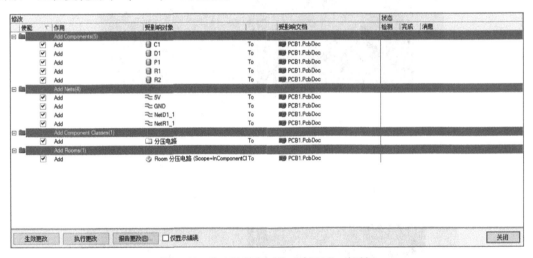

图1-48　"工程变化订单（ECO）"对话框

16）单击左下角"生效更改"按钮以检查所有操作是否有效，如图1-49所示。然后单击"执行更改"按钮，在PCB工作区内执行所有改变操作。

17）单击"关闭"按钮，返回PCB编辑工作环境，此时工作区显示为加载原理图电气信息后的PCB内容，如图1-50所示。提示：如果之前定义的禁止布线区和PCB边界大小不合适，可以参照步骤8）~14）进行调整。

【元件的摆放与布局】

18）在工作区中单击P1（选中元件P1），按住鼠标左键，并移动光标至图1-51中位置后，松开鼠标左键，完成P1的移动。将分压电路的ROOM覆盖到PCB边界，ROOM是在

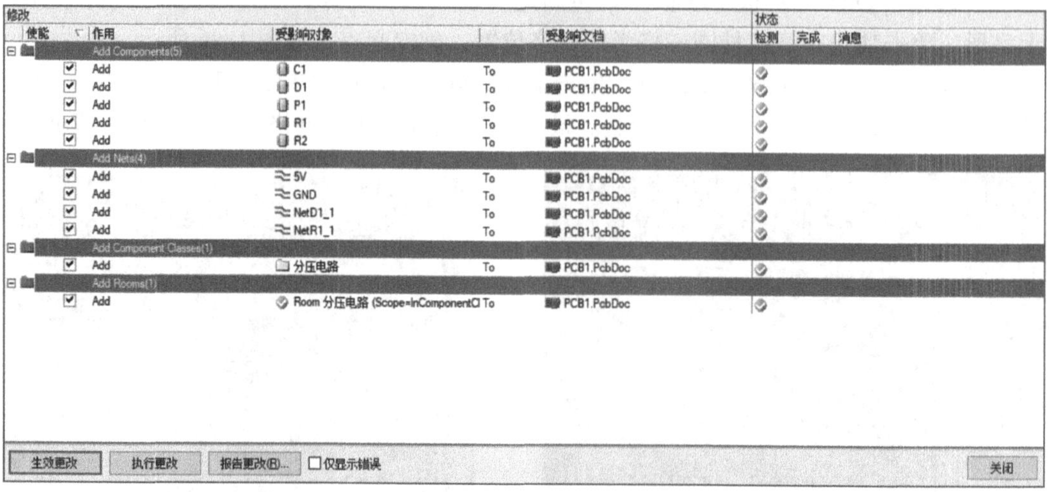

修改
使能
作用
受影响对象
受影响文档
状态
检测
完成
消息
Add Components(5)
Add C1 To PCB1.PcbDoc
Add D1 To PCB1.PcbDoc
Add P1 To PCB1.PcbDoc
Add R1 To PCB1.PcbDoc
Add R2 To PCB1.PcbDoc
Add Nets(4)
Add 5V To PCB1.PcbDoc
Add GND To PCB1.PcbDoc
Add NetD1_1 To PCB1.PcbDoc
Add NetR1_1 To PCB1.PcbDoc
Add Component Classes(1)
Add 分压电路 To PCB1.PcbDoc
Add Rooms(1)
Add Room 分压电路 (Scope=InComponentCl To PCB1.PcbDoc
生效更改
执行更改
报告更改(R)...
仅显示错误
关闭

图 1-49 执行“生效更改”检查

R2
D1
C1
P1
R1

图 1-50 加载原理图电气信息后的 PCB 内容

P1
R2
D1
C1
R1

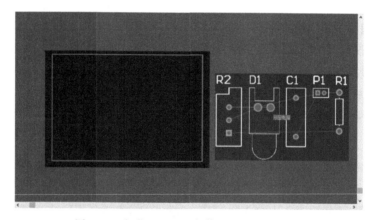

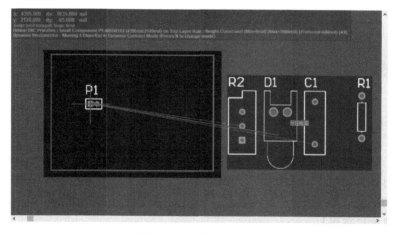

图 1-51 移动元器件 P1

PCB 上划分出的一个空间，用于把整体电路中的一部分（子电路）布局在 ROOM 内，使这部分电路元件限定在 ROOM 内布局，可以对 ROOM 内的电路，设计专门的布线规则。在 PCB 编辑器上放置 ROOM，特别适用于多通道电路。

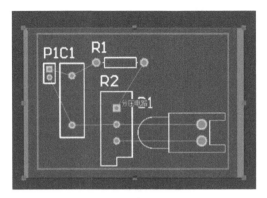

图 1-52　完成其他元件的布局

19）重复上述步骤，将 C1、R1、R2、D1 等其他元件按图 1-52 所示位置布局。

【PCB 布线】

20）完成布局操作后，选择"自动布线"→"全部"命令，打开图 1-53 所示"Situs 布线策略"对话框。

31

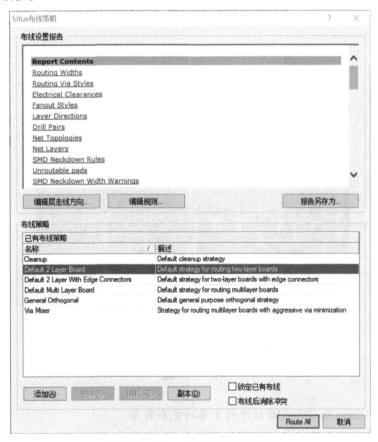

图 1-53　"Situs 布线策略"对话框

21）按照默认选择的 Default 2 Layer Board 布线策略，单击右下角的"Route All"按钮，返回 PCB 工作区。

22）系统执行自动布线操作，自动布线操作结束后的 PCB 工作区界面如图 1-54 所示。

23）关闭 Messages 窗口，设计完成的 PCB 如图 1-55 所示，选择菜单中的保存文件图标，或者选择"文件"→"保存"命令或按〈Ctrl + S〉快捷键保存文件。

Class	Document	Source	Message	Time	Date	N.
Sit...	分压电路1...	Situs	Routing Started	20:35:42	2019/4/7	1
Ro...	分压电路1...	Situs	Creating topology map	20:35:42	2019/4/7	2
Sit...	分压电路1...	Situs	Starting Fan out to Plane	20:35:42	2019/4/7	3
Sit...	分压电路1...	Situs	Completed Fan out to Plane in 0 Seconds	20:35:42	2019/4/7	4
Sit...	分压电路1...	Situs	Starting Memory	20:35:42	2019/4/7	5
Sit...	分压电路1...	Situs	Completed Memory in 0 Seconds	20:35:42	2019/4/7	6
Sit...	分压电路1...	Situs	Starting Layer Patterns	20:35:42	2019/4/7	7
Ro...	分压电路1...	Situs	Calculating Board Density	20:35:42	2019/4/7	8
Sit...	分压电路1...	Situs	Completed Layer Patterns in 0 Seconds	20:35:42	2019/4/7	9
Sit...	分压电路1...	Situs	Starting Main	20:35:42	2019/4/7	10
Ro...	分压电路1...	Situs	Calculating Board Density	20:35:42	2019/4/7	11
Sit...	分压电路1...	Situs	Completed Main in 0 Seconds	20:35:42	2019/4/7	12
Sit...	分压电路1...	Situs	Starting Completion	20:35:42	2019/4/7	13
Sit...	分压电路1...	Situs	Completed Completion in 0 Seconds	20:35:42	2019/4/7	14
Sit...	分压电路1...	Situs	Starting Straighten	20:35:42	2019/4/7	15
Sit...	分压电路1...	Situs	Completed Straighten in 0 Seconds	20:35:42	2019/4/7	16
Ro...	分压电路1...	Situs	7 of 7 connections routed (100.00%) in 0 Sec...	20:35:42	2019/4/7	17
Sit...	分压电路1...	Situs	Routing finished with 0 contentions(s). Failed...	20:35:42	2019/4/7	18

图 1-54　自动布线后的 PCB 工作区界面

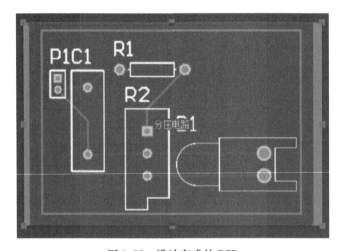

图 1-55　设计完成的 PCB

习　　题

1-1　简述 Altium Designer 10 软件的主要功能和特点。

1-2　试用 3 种不同的方法启动 Altium Designer 10 软件。

1-3　在 Altium Designer 10 默认的路径下创建一个名为"Mypcb.PrjPcb"的工程文件，然后在工程中创建一个原理图文件（.Schdoc）和一个 PCB 文件（.PrjPCB），最后分别启动原理图编辑器和 PCB 编辑器。

1-4　简述 Altium Designer 10 的几种主要工程类型。

第2章
原理图设计

📝 **重点内容：**
1. 理解 Altium Designer 10 原理图设计的一般步骤。
2. 掌握 Altium Designer 10 原理图设计工具栏窗口的组成、功能及元器件操作方法。

📥 **技能目标：**
1. 利用 Altium Designer 10 软件对原理图参数进行设定。
2. 利用 Altium Designer 10 软件对元件进行放置、编辑和调整。

通过第 1 章的详细介绍，了解了 Altium Designer 10 软件的开发环境、功能及基本相关操作。本章主要介绍如何进行原理图参数设计并设计原理图。电路原理图是使用电子元件电气符号以及导线等工具描述电路中各元件之间的连接关系的图样。电子元件在电路原理图中用电气符号的形式表示，电路原理图设计是 PCB 设计的基础。

2.1 原理图设计的一般步骤

电路原理图是整个电路设计的基础，其描述了各个元件之间的连接和电气关系。通常情况下，原理图设计包括 7 个步骤，如图 2-1 所示。

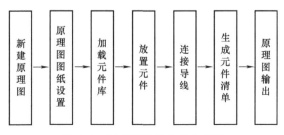

图 2-1 原理图设计的基本步骤

1) 新建原理图：即启动原理图编辑器，在此开发环境中进行原理图的编辑、绘制等操作。

2) 原理图图纸设置：对原理图设计环境进行设置，包括图纸大小、栅格、光标以及系统参数等，一般情况下使用软件默认设置即可。

3) 加载元件库：原理图使用的元器件主要存放在元件库中，有些特定的元器件需要该元器件厂商提供元件库或者用户自己根据元件的数据说明手册进行制作。

4) 放置元件：在加载元件数据库之后，将元件从元件库中提取出来，并对元件的参数、序号、封装类型等进行修改，并对其属性和位置进一步调整和修改，包括命名、导线移动、尺寸以及排列等。

5) 连接导线：利用软件提供的导线放置工具，用具有电气意义的导线将元件连接起来，构成一个完整的电路原理图。

6) 生成元件清单：电路原理图设计完成后，为方便后续制板及其他应用，需要生成一份元件清单，主要是对工程中的元件封装、数量等信息进行统计。

7) 原理图输出：主要完成原理图的保存、打印等操作。

2.2　电路图设计工具栏

Altium Designer 10 提供了丰富的工具栏，以方便用户对原理图进行编辑。常用的工具栏如下。

1. "原理图标准" 工具栏

"原理图标准" 工具栏为原理图文件提供基本的操作功能，如新建、保存、打印、缩放、复制、剪切、选择等，如图 2-2 所示。表 2-1 列出了该工具栏中各个按钮的命令解释，有以下两种方法调用或隐藏该工具栏：

1) 菜单栏："查看"→"工具栏"→"原理图标准"。

2) 工具栏：空白处右键单击，在弹出的菜单中选择"原理图标准"命令。

图 2-2 "原理图标准" 工具栏

表 2-1 "原理图标准" 工具栏中各个按钮的命令解释

按　钮	命　令　解　释	按　钮	命　令　解　释
	打开任意文件		复制
	打开任何存在的文件		粘贴
	保存当前文件		橡皮图章
	直接打印当前文件		选定区域内部的对象

（续）

按　钮	命令解释	按　钮	命令解释
	生成当前文件的打印浏览		移动选择对象
	打印器件视图页面		取消选择所有打开的当前文件
	打开 PCB 发布视图		清除当前过滤器
	适合所有对象		取消
	缩放区域		重做
	缩放选择对象		上/下层次
	颜色		交叉探针到打开的文件
	剪切		浏览元件库

2. "导航"工具栏

"导航"工具栏如图 2-3 所示。表 2-2 列出了该工具栏各个按钮的命令解释，有以下两种方法调用或隐藏该工具栏：

1）菜单栏："查看"→"工具栏"→"导航"。

2）工具栏：空白处右键单击，在弹出的菜单中选择"导航"命令。

图 2-3　"导航"工具栏

表 2-2　"导航"工具栏中各个按钮的命令解释

按　钮	命令解释
 D:\Users\Public\Documents\Alti ▼	跳转到指定位置
	后退一步
	前进一步
	转到首页

3. "格式化" 工具栏

"格式化" 工具栏如图 2-4 所示。表 2-3 列出了该工具栏各个按钮的命令解释,有以下两种方法调用或隐藏该工具栏(本工具栏在选择原理图中导线或文字时才会出现图示中颜色及文字,默认为空白状态,见图 2-5):

1)菜单栏:"查看"→"工具栏"→"格式化"。

2)工具栏:空白处右键单击,在弹出的菜单中选择"格式化"命令。

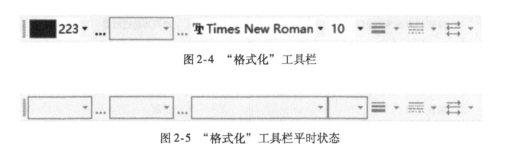

图 2-4 "格式化" 工具栏

图 2-5 "格式化" 工具栏平时状态

表 2-3 "格式化" 工具栏中各个按钮的命令解释

按　钮	命　令　解　释
 223 ▾ ...	颜色
▾ ...	区域色
 Times New Roman ▾	字体名称
 10 ▾	字体大小
 ▾	线或边界宽度
 ▾	线类型
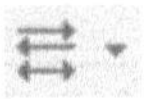 ▾	多线箭头事先调整

4. "实用" 工具栏

"实用" 工具栏如图 2-6 所示,有以下两种方法调用或隐藏该工具栏:

1)菜单栏:"查看"→"工具栏"→"实用"。

2)工具栏:空白处右键单击,在弹出的菜单中选择"实用"命令。

图 2-6 "实用" 工具栏

"实用"工具栏中各按钮的介绍如下：

1）图 2-6 中第一个符号按钮表示"实用工具"，其中提供了放置线、多边形、椭圆弧、贝塞尔曲线、文本框、矩形等多种形状绘图功能。表 2-4 列出了该系列按钮的命令解释。

表 2-4 "实用工具"按钮的命令解释

按　钮	命　令　解　释	按　钮	命　令　解　释
╱	放置线	☐	放置矩形
⊠	放置多边形	▢	放置圆角矩形
⌒	放置椭圆弧	◯	放置椭圆
⌐	放置贝塞尔曲线	⬕	放置饼图
A	放置文本字符串	🖼	放置图像
▣	放置文本框	—	—

2）图 2-6 中第二个符号按钮表示"排列工具"，其提供了左对齐、右对齐、中心对齐等多种元件位置调整功能。表 2-5 列出了该系列按钮的命令解释。

表 2-5 "排列工具"按钮的命令解释

按　钮	命　令　解　释	按　钮	命　令　解　释
⊫	元件左对齐排列	⊎	元件底部对齐排列
⊒	元件右对齐排列	⊹	元件垂直中心对齐排列
⊥	元件水平中心对齐排列	⊗	元件垂直等间距分布排列
ᴑᴑ	元件水平等间距对齐排列	⊞	元件对齐到当前栅格上
⫿	元件顶对齐排列	—	—

3）图 2-6 中第三个符号按钮表示"电源"，其提供了 GND、VCC、+12V、+5V、地端口等多种端口。表 2-6 列出了该系列按钮的命令解释。

表 2-6 "电源"按钮的命令解释

按　钮	命　令　解　释	按　钮	命　令　解　释
⏚	放置 GND 端口	⟍	放置波形电源端口
VCC	放置 VCC 电源端口	⊤	放置 BAR 电源端口
+12	放置 +12V 电源端口	⚲	放置环形电源端口
+5	放置 +5V 电源端口	▽	放置信号地电源端口
-5	放置 -5V 电源端口	⋔	放置地端口
⚟	放置箭头形电源端口	—	—

4）图2-6中第四个符号按钮表示"数字式设备"，其提供了电阻、电容、逻辑门（与门、或门、与非门、或非门）等元器件。表2-7列出了该系列按钮的命令解释。

表2-7 "数字式设备"按钮的命令解释

按 钮	命 令 解 释	按 钮	命 令 解 释
	1kΩ 电阻		四二输入正与非门
	4.7kΩ 电阻		四二输入正或非门
	10kΩ 电阻		六角倒相器
	47kΩ 电阻		四二输入正与门
	100kΩ 电阻		四二输入正或门
	0.01μF 电容		四总线缓冲器 3SO
	0.1μF 电容		双带 RS 和 CR D D PET 触发器
	1.0μF 电容		四二输入异或门
	2.2μF 电容		3-8 线译码器/多路输出选择器
	10μF 电容		八总线收发器 3SO

5）图2-6中第五个符号按钮表示"仿真电源"，其提供了电源、正弦波、脉冲等仿真电源。表2-8列出了该系列按钮的命令解释。

表2-8 "仿真电源"按钮的命令解释

按 钮	命 令 解 释	按 钮	命 令 解 释
	电源供给 +5V		电源供给 +12V
	电源供给 –5V		电源供给 –12V
	1kHz 正弦波		1kHz 脉冲
	10kHz 正弦波		10kHz 脉冲
	100kHz 正弦波		100kHz 脉冲
	1MHz 正弦波		1MHz 脉冲

6）图2-6中最后一个符号按钮表示"栅格"，用来切换、设置栅格，该按钮的命令列表如图2-7所示。

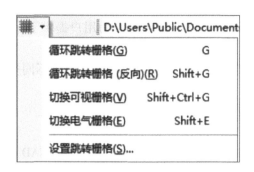

图 2-7 "栅格" 按钮的命令列表

2.3 图 纸 设 置

新建原理图之后，要对原理图的图纸进行设置，包括确定图纸大小、方向、颜色、栅格大小等内容，启动图纸属性设置对话框（"文档选项"对话框）有以下两种方式：

1）菜单栏："设计"→"文档选项"。

2）工具栏：空白处右键单击，在弹出的菜单中选择"选项"→"文档选项"命令。

"文档选项"对话框如图 2-8 所示，包括"方块电路选项""参数"和"单位"3 个选项卡，其中"方块电路选项"选项卡能对图纸大小（标准风格）、方向（定位）、颜色、栅格、电栅格（光标）、系统字体等进行设置。

图 2-8 "文档选项"对话框

1. 图纸大小（标准风格）

Altium Designer 10 的图纸大小（标准风格）为用户提供了标准风格和自定义风格两种设置方式。

1）标准风格：在"标准风格"下拉列表框中，有多种不同类型的标准图纸，如图2-9所示。

公制（又称米制）：A4、A3、A2、A1、A0。

英制：A、B、C、D、E。

OrCAD：OrCAD A、OrCAD B、OrCAD C、OrCAD D、OrCAD E。

其他类型：Letter、Legal、Tabloid。

2）自定义风格：可以对非标准类型图纸进行设置。选中"使用自定义风格"复选框，激活自定义风格参数设置，可自定义参数，如图2-10所示。其中，"X 区域计数""Y 区域计数"用来设置 X 轴、Y 轴方向上索引格的个数，不改变图纸大小。提示：自定义尺寸单位均为 mil（密耳，即千分之一英寸，$1\text{mil}=0.001\text{in}$，$1\text{in}=0.025\text{m}$），最大自定义图纸宽度为 6500mil。

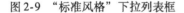

图2-9 "标准风格"下拉列表框　　　　图2-10 "自定义风格"选项组

2. 图纸方向（定位）

原理图可设置成横向或纵向两种方式，可在"选项"选项组中选择"定位"下拉列表中的"Landscape（横向）"或"Portrait（纵向）"选项，如图2-11所示。

3. 标题块

图纸的标题块可设置成两种格式，分别为"Standard（标准格式）"和"ANSI（美国国家标准学会格式）"，在"选项"选项组中选中"标题块"复选框使用标题块，选择下拉列表中的 Standard 或 ANSI 选项，如图2-12所示。

图 2-11　图纸方向设置　　　　　　　　图 2-12　标题块设置

4. 图纸颜色

图纸颜色分为"板的颜色"和"方块电路颜色"，分别表示图纸边框颜色和图纸页面颜色。如图 2-13 所示，图纸颜色可分别单击颜色区域进行设置：选中目标颜色值，单击"添加到自定义颜色"按钮添加到下方自定义颜色中，选中定制的颜色，单击"确定"按钮，完成图纸颜色设置。自定义颜色取值有"基本的""标准的"和"定制的"三种方式，如图 2-14 所示。

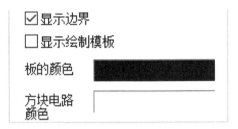

图 2-13　图纸颜色设置

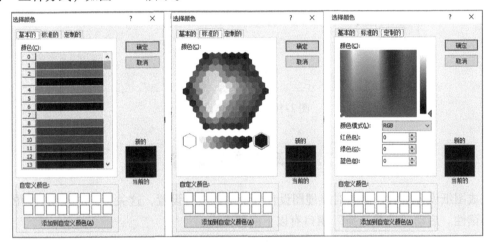

图 2-14　三种选择颜色方式

5. 栅格和电栅格

栅格是将原理图按一定距离进行虚拟划分，以方便原理图的绘制。同理，电栅格（也称电气栅格）是具有电气特性的栅格，以方便布线和绘制。栅格分为可视栅格（Visible Grid）、捕获栅格（snap grid）、元件放置捕获栅格（Component Grid）、电气栅格（Electrical Grid）。为此，Altium Designer 10 提供了"栅格"和"电气栅"选项组，用来设置捕获栅格、可视栅格和电气栅格的尺寸，其中捕获栅格指光标移动的最小间隔，单位为mil，可设置 X 方向和 Y 方向；可视栅格就是编辑过程中看到的栅格；电气栅格的作用是在移动或放置元件时，当元件与周围电气实体的距离在电气栅格的设置范围内时，元件与电气实体会互相吸住。设置框图如图 2-15 所示。提示：捕获栅

图 2-15　栅格及电栅格设置

格的值应该比电气栅格的值稍大，否则会影响元件连接。

6. 更改系统字体

主要是来设置图纸右下角签字栏的字体、字形、大小和颜色等，如图 2-16 所示。

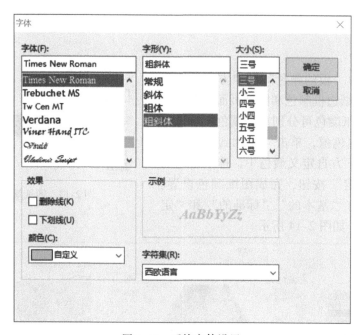

图 2-16　系统字体设置

2.4　环境参数设置

完成图纸设置之后，需要对原理图设计环境参数进行设置，这关系到原理图绘制的正确性和易读性。启动"参数选择"窗口有以下两种方式：

1）菜单栏："工具"→"设置原理图参数"。

2）工具栏：空白处右键单击，在弹出的菜单中选择"选项"→"设置原理图参数"命令。

"参数选择"对话框包括 Schematic- General、Schematic- Graphical Editing、Schematic-Compiler、Schematic- Grids 等多个选项卡，可以对各种原理图参数进行设置，这里主要详述常用的 Schematic- General 选项卡（见图 2-17）、Schematic- Graphical Editing 选项卡（见图 2-18）。

（1）Schematic- General→"选项"

该选项组共包括 11 个选项（复选框），其意义见表 2-9。

表 2-9　Schematic- General→"选项"选项组中各选项的意义

复　选　框	解　　释
直角拖拽	选中后，只能以正交方式移动或插入元件；未选中时，元件以环境设置的分辨率移动
Optimize Wires Buses （优化导线及总线）	选中后，可自动省略重叠的导线，防止多余导线、重叠导线相互交叉

（续）

复选框	解释
元件割线	选中"优化导线及总线"时，可激活该复选框。选中后，移动元件到导线上，可自动剪断导线，并将导线连接到元件引脚上
使能 In-Place 编辑	选中后，可直接在文本字段中直接编辑，否则只能在属性对话框中编辑
Ctrl + 双击 打开图纸	选中后，双击图纸中的元件或子图，可选中元件或打开子图；否则，将打开"元件属性"窗口
转换交叉点	选中后，在 T 字连接处添加第 4 个方向的导线时，会自动形成两个相邻的连接点；否则，会产生两条不相连的交叉导线，如图 2-19 所示
显示 Cross-Overs	选中后，两条无连接交叉导线的十字相交处将用圆弧显示，如图 2-20 所示
Pin 方向	选中后，原理图会显示元件引脚的信号方向，用三角符号表示图纸入口方向
图纸入口方向	选中后，会显示层次原理图入口，否则只显示入口的基本形状端口方向，即双向类型，对比图如下图中图纸入口 1、2 区别： 未选择该选项　　　　选择该选项后
端口方向	选中后，端口显示为具有"方向"类型
未连接从左到右	选中"端口方向"复选框时，可激活该复选框。选中后，未连接的端口显示为从左到右

图 2-17　"参数选择"对话框中的 Schematic-General 选项卡

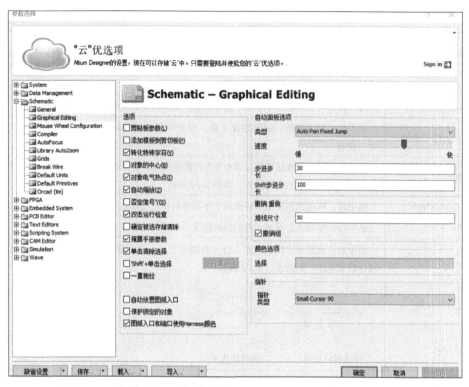

图 2-18　"参数选择"对话框中的 Schematic-Graphical Editing 选项卡

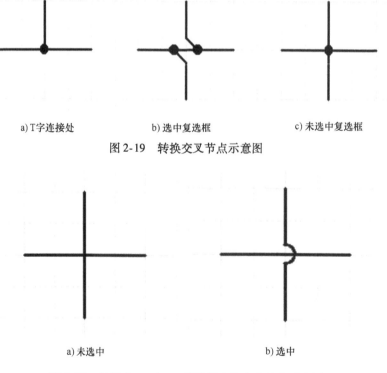

a)T字连接处　　　　　　b)选中复选框　　　　　　c)未选中复选框

图 2-19　转换交叉节点示意图

a)未选中　　　　　　　　　　　　b)选中

图 2-20　显示 Cross-Overs 复选框未选中和选中对比图

（2）Schematic-General→"包含剪贴板"

该选项组用来设置粘贴或打印时对象的选取，若选中"No-ERC 标记"复选框，粘贴或打印时对象会包括非 ERC 标记；若选中"参数集"复选框，粘贴或打印时对象会包括参数集。

（3）Schematic-General→"放置时自动增量"

该选项组用来设置元件号或元件引脚之间的增量大小，并在放置时自动添加，在"首要的"文本框输入数值（一般默认为 1），可设定上一个元件号和下个元件号的自动增量；在"次要的"文本框输入数值，可设定上一个元件引脚和下一个元件引脚的自动增量。

（4）Schematic-General→"字母数字后缀"

该选项组用来设置多元件标识符的后缀，选中"字母"单选按钮时，后缀以字母表示；选中"数字"单选按钮时，后缀以数字表示。

（5）Schematic-General→"pin 空白"

该选项组用来设置元件引脚号和引脚名与元件主体图形的距离。在"名称"文本框中输入数值，可设定元件引脚名称与元件主体图形的距离；在"数量"文本框中输入数值，可设定元件引脚号与元件主体图形的距离。

（6）Schematic-General→"默认电源对象名称"

该选项组用来设置"电源地""信号地"和"接地"的电源名称。在"电源地"文本框中输入相应字母，可设定电源地在图纸中的名称，系统默认为 GND；"信号地"和"接地"名称的设置与此类似，系统分别默认为 SGND、EARTH。

（7）Schematic-General→"过滤和选择的文档范围"

该选项组用来选择应用到文档的过滤和选择集的范围，可选择"当前文档（Current Document）"或"所有打开文档（Open Document）。"

（8）Schematic-General→"默认空白图纸尺寸"

该选项组用来设置默认空白图纸的尺寸，"默认空白图纸尺寸"下拉列表框中有不同的图纸尺寸，选项与本书 2.3 节中图纸大小（标准风格）下拉列表框选项相同。

（9）Schematic-General→"默认"

该选项组用来设置默认模板文件。设置后，进行新的原理图设计时，会将该模板文件加载到新原理图的环境变量中。单击"清除"按钮以清除模板，单击"浏览"按钮以添加模板。

（10）Schematic-Graphical Editing→"选项"

该选项组包括 16 个选项，用来设置原理图的编辑环境。"选项"选项组中各选项的意义见表 2-10。

表 2-10　Schematic-General Editing→"选项"选项组中各选项的意义

复　选　框	解　释
剪贴板参数	选中后，用户进行复制或剪切时，软件会要求用户选择一个参考点，以便后面粘贴位置的确定
添加模板到剪切板	选中后，用户进行复制或剪切时，软件会将现有模板加载到剪切板上
转化特殊字符	选中后，原理图中特殊字符串将转换成相应的内容显示出来
对象的中心	选中后，可以使元件对象通过参考点或中心点进行移动
对象电气热点	选中后，元件对象可以依据最近的电气点进行移动
自动缩放	选中后，当插入或选择某一元件时，原理图可自动缩放，以达到合适的比例显示该元件

（续）

复　选　框	解　　释
否定信号 '\\'	选中后，只要在网络标签名称的每一个字符后加一个 "\\"，则该网络标签名顶部将全部被加上横线（表示该引脚低电平有效）。例如，CS 低电平有效，可以采用 "C\\S\\" 方式表示 $\overline{CS}$
双击运行检查	选中后，在原理图中双击某个对象时，可以打开 "SCH Inspector" 检查面板（见图 2-21），该面板中列出了该对象的所有参数信息，用户可以进行查询或修改，建议用户不要选中该复选框
确定被选存储清除	选中后，当在 "储存器选择" 对话框中欲删除一个已有储存器时，单击 "清除" 按钮将弹出 "确认" 对话框，否则将不会出现 "确认" 对话框
掩膜手册参数	用于设置是否显示参数自动定位被取消的标记点。选中后，如果对象的某个参数已取消了自动定位属性，那么在该参数的旁边会出现一个点状标记，提示用户该参数不能自动定位，需手动定位
单击清除选择	选中后，单击原理图编辑窗口中的任意位置，即可解除对某一对象的选中状态，不需要再使用菜单命令或者原理图标准工具栏中的取消对当前所有文件的选中按钮，建议用户选中该复选框
'Shift' + 单击选择	选中后，只有在按下〈Shift〉键时，单击才能选中图元。此时，右侧的 "元素" 按钮被激活。单击 "元素" 按钮弹出 "必须按定 Shift 选择" 对话框，可以设置哪些图元只有在按下〈Shift〉键时，单击才能选择。使用这项功能会使原理图的编辑很不方便，建议用户不要选中该复选框
一直拖拉	选中后，移动某一选中的图元时，与其相连的导线也会随之被拖动，以保持连接关系；若不勾选该复选框，则移动图元时，与其相连的导线不会被拖动
自动放置图纸入口	选中后，系统会自动放置图纸入口
保护锁定的对象	选中后，系统会对锁定的图元进行保护；若不勾选该复选框，则锁定对象不会被保护
图纸入口和端口使用 Harness 颜色	该选项用于设定图纸入口和端口是否使用和 Harness 相同的颜色设置

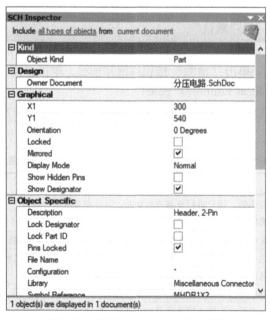

图 2-21　"SCH Inspector" 检查面板

2.5　放置元件

放置元件有两种方式，一种是利用现有工具栏放置，另一种为利用元件库管理器放置。利用元件库管理器放置时，如果元件库中没有目标元件，需要对元件库进行装载扩充或者自行绘制。本节主要讲述装载元件库、利用元件库管理器放置元件和利用工具栏放置元件这几方面的内容。

2.5.1　装载元件库

软件安装完成后，可用的元件库只有 Miscellaneous Devices. IntLib、Miscellaneous Connectors. IntLib 和一些 FPGA 相关的元件库，除这些以外的元件库需要加载外来元件库，以扩充软件元件库，使其适用范围更广。

【实例 2-1】装载元件库

1）在软件中原理图纸右边单击"库"标签，将弹出元件库管理器，如图 2-22 所示。

2）单击"库"按钮，弹出"可用库"对话框，选择"已安装"选项卡，如图 2-23 所示，列表中的元件库即为当前软件已经安装的元件库，通过"安装"和"删除"按钮可以添加和删除元件库。另外，可通过"上移"和"下移"按钮移动元件库。

3）单击"安装"按钮，弹出打开文件对话框，选择所要添加的文件后，单击"打开"按钮，将元件库添加到已安装元件库列表中。选中某一元件库，单击"删除"按钮，即可将选中的元件库从已安装元件库列表中删除。单击"上移"或"下移"按钮，可移动元件库在已安装元件库列表中的位置。

2.5.2　利用元件库管理器放置元件

如上节所讲，在原理图纸右边单击"库"标签即可弹出元件库管理器。一般情况下，有如下几种情况的元件放置，并以常用的电阻为例进行讲解。

1. 元件库和元件名都已知

这种情况主要针对常用的元件。这种情况下，可直接在"当前元件库"下拉列表框中选择已知元件库，并在其下面的搜索框中输入已知元件名（或关键字），"元件列表"中将显示该目标元件，选中该元件，单击上面的"Place XXX（选中元件名）"按钮，即可将元件显示在图纸中，选择好放置位置后单击左键，即可完成单个元件的放置。单次放置后，软件还处于当前元件的放置状态，可多次放置，单击鼠标右键或键盘的〈Esc〉键完成放置操作。

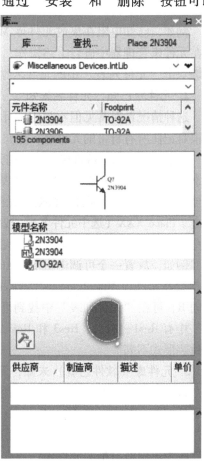

图 2-22　元件库管理器

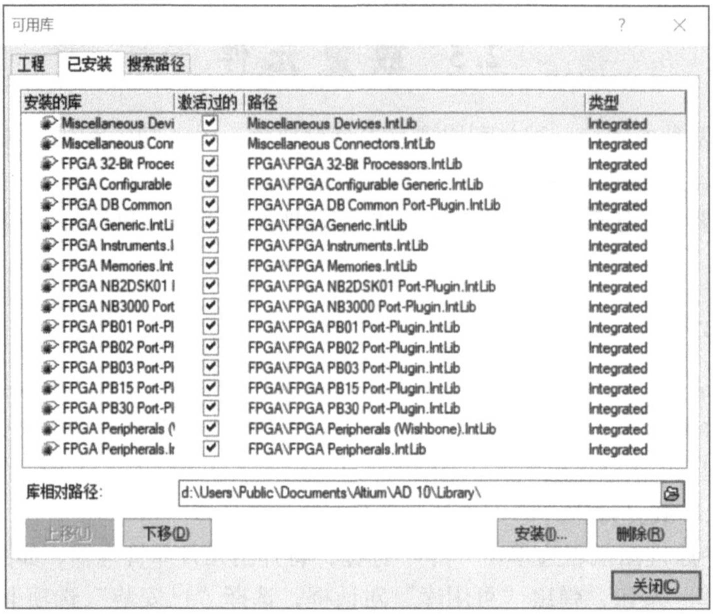

图 2-23 "可用库"对话框

例如，已知电阻在集成元件库 Miscellaneous Devices. IntLib 中，元件名为 Res1，那么可以在元件库管理器中进行上述操作，如图 2-24 所示。提示：在实际操作中，可以利用鼠标左键双击"元件列表"中的元件名称替代单击"Place XXX（选中元件名）"按钮操作。

2. 元件库已知，元件名未知

这种情况针对常见但不常用的元件，因为元件多以"英文缩写 + 数字"命名，一般用户很难记住所有自带的元件名，但知道其在哪个分类里。

对于这种情况，可直接在"当前元件库"下拉列表框中选择已知元件库，并在其下面的搜索板中输入元件关键字，"元件列表"中将显示含有该关键字的所有元件，在元件列表中从上至下依次选中每个元件，根据"元件符号"中所示元件符号判别是否为目标元件，如果是，单击"Place XXX（选中元件名）"按钮即可将元件显示在图纸中，选择好放置位置后单击鼠标左键即可完成元件的放置，然后单击鼠标右键或键盘的〈Esc〉键完成放置元件操作。

例如，放置一个可调电阻 Res Adj1，在元件库和元件名都已知的例子基础上，可知 Res Adj1 会在元件库 Miscellaneous Devices. IntLib 中，而元件名未知，按照上述操作过程输入关键词 R，可在"元件列表"中找到可调电阻 Res Adj1 进行放置，如图 2-25 所示。"元件列表"中有 Res1、Res2、Res3 和 Res Adj1、Res Adj2 等不同元件名称的电阻，其主要区别在于封装形式不同。

3. 元件库（软件已有）未知，元件名也未知

这种情况针对的是常见但没使用过的元件，因为元件库多以类别命名，如软件自带的 Miscellaneous Devices 和 Miscellaneous Connectors 两个集成库，分则代表器件和连接器两种类别，对于常见的电容、电阻、232 接口等，都分别属于这两种类别，找起来很方便。但如果元件库中不仅有自带的元件库，还有用户自己安装的其他元件库，那么对于类型的区分会比较麻烦。

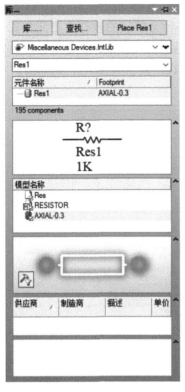

图 2-24　元件库和元件名都已知的元件放置

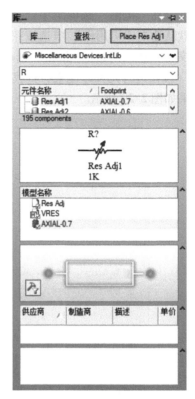

图 2-25　放置电阻 Res Adj1

对于这种情况，可直接使用元件库管理器的搜索功能进行元件库搜索，单击"查找"按钮，弹出"搜索库"对话框，如图 2-26 所示，可以在"过滤器"中输入"域"或者"值"等参数；也可以选择过滤器右下方的"Advanced"选项，切换搜索形式，如图 2-27

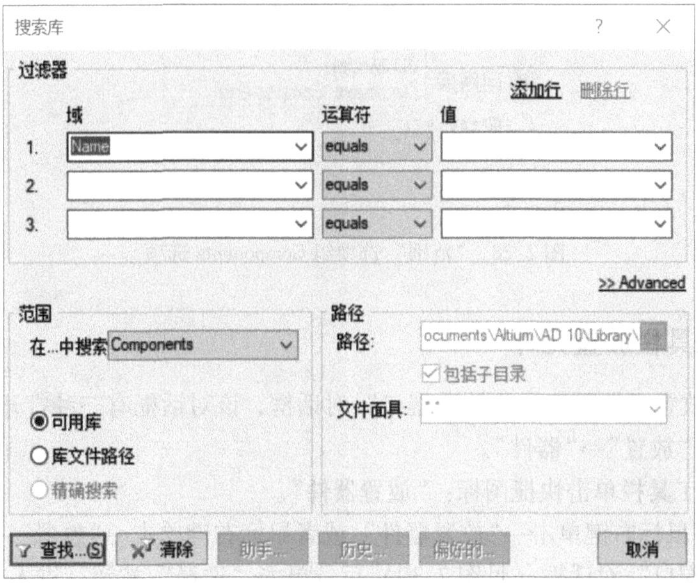

图 2-26　Simple"搜索库"对话框

所示。还可以在"范围"选项组中选择 Components 选项（见图 2-28），同时可以设定搜索的路径，默认选中"可用库"单选按钮，此时路径为默认的软件自带元件库地址。也可以设定"库文件路径"，并在"路径"选项组的"路径"选项中指定路径，设定完毕后可单击"查找"按钮进行元件库搜索，查找结果将会在"库"中显示，例如搜索"1"，最后显示搜索结果如图 2-29 所示。

图 2-27 Advanced "搜索库"对话框

图 2-28 "范围"选项组 Components 选项

2.5.3 利用工具栏放置元件

利用工具栏放置元件需打开"放置端口"对话框，该对话框有三种打开方式：

1）菜单栏："放置"→"器件"。

2）"布线"工具栏单击快捷图标："放置器件"。

3）工作区：鼠标右键单击→"放置器件"或者鼠标右键单击→"放置"→"器件"。

打开"放置端口"对话框（见图 2-30）后，单击"选择"按钮，进入"浏览库"对话框，如图 2-31 所示，只是各个列表位置摆放不一致，此处不再详述。当在"浏览库"对话

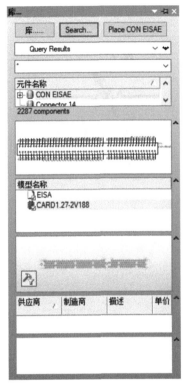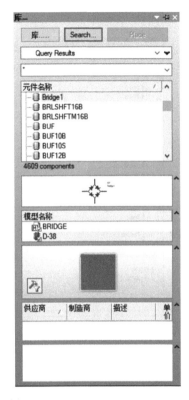

图 2-29 搜索结果

框中选到目标元件后，单击"确认"按钮，返回"放置端口"对话框，再单击"确认"按钮，在图纸中目标位置单击鼠标左键完成元件放置。

图 2-30 "放置端口"对话框

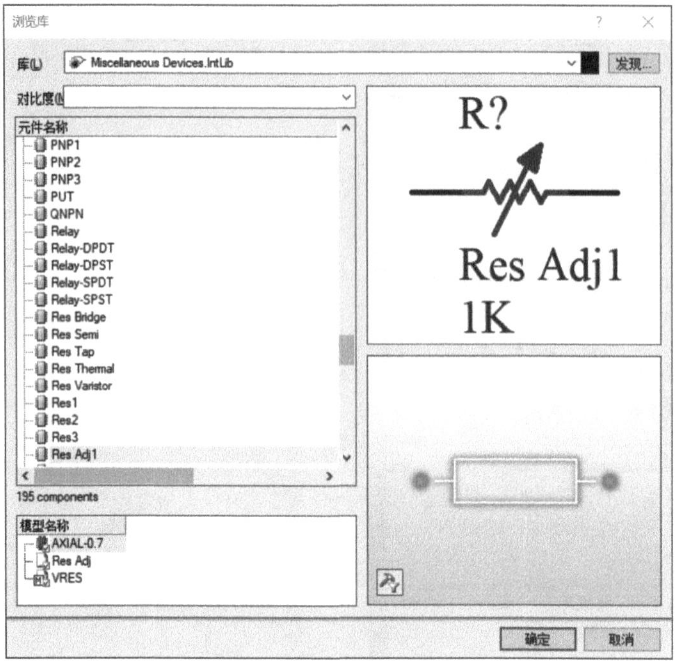

图 2-31 "浏览库"对话框

2.6   编 辑 元 件

2.6.1   编辑元件整体属性

打开"元件属性"对话框有以下两种方式：

1）选中元件→单击鼠标右键→"属性"。

2）鼠标左键双击元件主图形。

"元件属性"对话框如图 2-32 所示，这里以 R1 为例进行介绍，利用该对话框可以对元件的基本属性（Properties）、库属性（Link to Library Component）、图形属性（Graphical）、参数属性（Parameters）和模型属性（Models）等进行设置。

1. 基本属性

1）Designator：标识符，当前元件的标识符，可通过文本框进行修改。"Visible"表示可视复选框，用于设置显示或隐藏；"Locked"表示锁定复选框，用于设置是否可修改。标识符是唯一的，当前原理图中不允许有重复命名。否则会在系统编译检查时出现错误提示，并且元件处会有红色波浪线，如图 2-33 所示。

2）Comment：注释，用于显示元件的注释，通过文本框可修改要显示的注释内容。"Visible"表示可见复选框，用于设置显示或隐藏。

3）Description：描述，为当前元件的详细描述，与注释相比，更加具体，且不采用缩写，因为该描述不在图纸中显示。

4）Unique Id：唯一 ID，为当前元件在软件中的识别码，类似公民的身份证号码。

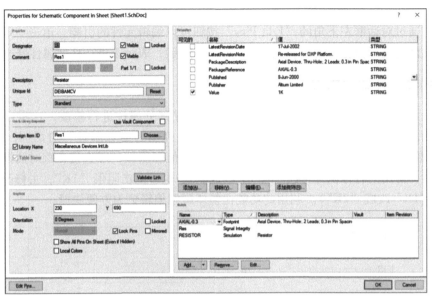

图 2-32 "元件属性"对话框

5）Type：类型，默认选择"Standard"选项，因为只有 Standard 具有电气特性，适合原理图绘制。

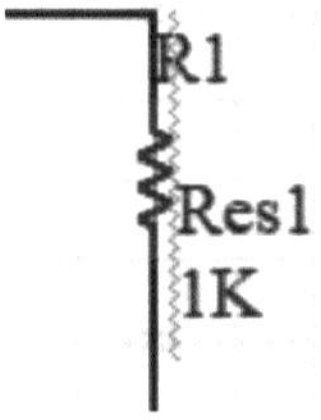

2. 库属性

1）Design Item ID：表示元件所属的元件组。

2）Library Name：库的名称，当前元件所属的元件库。

3）Table Name：如果 Library Name 指定的是数据库元件库，Table Name 控件会被使能。如果勾选了此复选框，Altium Designer 只会从指定的 Table 中寻找相应的 Design Item ID。

图 2-33 带有问题的元件

3. 图形属性

1）Location：定位，用户可以修改元件的 X、Y 坐标，改变元件位置，单位为 0.1in。

2）Orientation：方向，修改元件放置角度，下拉列表中有 0Degrees、90Degrees、180Degrees、270Degrees 共四种选项。

3）Mode：模式，某些元件有多种显示模式，可在下拉列表中选择。"Mirrored"表示被镜像，用来选择元件是否相对 X 轴对称，选中则为对称模式；"Show All Pins On Sheet（Even if Hodden)"表示图纸上显示全部引脚（即使是隐藏的）；"Local Colors"表示局部颜色，点击可分被设置填充、线和引脚的颜色。

4. 参数属性

该部分为元件的变量，包括数值、版本号、日期等参数，其中"添加"按钮可添加新模型，"移除"按钮可去除已有模型，"编辑"按钮可修改已有模型，"添加规则"按钮可编辑规则值。单击"编辑"按钮，弹出"参数"属性对话框，可对已选变量进行修改。

5. 模型属性

模型部分为一些与元件相关的仿真模型、信号混合模型和封装形式，通过"ADD"按钮可添加新模型，通过"Remove"按钮可删除已有模型，通过"Edit"按钮可修改已有模型。

最后，通过对话框左下角的"Edit Pins"按钮可以编辑元件的引脚。单击"OK"按钮，表示对属性修改进行保存并退出；点击"Cancel"按钮，表示不进行任何属性修改并退出。

2.6.2 编辑元件部分属性

在编辑元件整体属性基础上，有时也可针对元件部分属性进行修改，这里还是以电阻 R1 为例介绍对 R1 标识符的修改，可在 R1 上双击，弹出"参数属性"对话框，如图 2-34 所示。"参数属性"对话框包含三部分内容：名称、值和属性，可直接在该对话框中编辑指定变量属性，常用的有标识符修改（如 R1 改成 R2）也可双击阻值"1K"，去修改元件阻值大小（如"1K"改成"2K"）。利用此功能比整体属性编辑更为方便快捷。

图 2-34　"参数属性"对话框

2.7　调 整 元 件

2.7.1　元件的位置调整

1. 元件的移动

移动元件有以下两种方式：

1）菜单栏："编辑"→"移动"→"移动"。选择"移动"命令后，光标变成十字形，将光标移到所要移动元件上并单击，即可把元件改变为移动状态。

2）工作区：选中所要移动的元件，光标变成十字形后，按住鼠标左键移动元件。

2. 元件的拖动

元件的拖动是指移动元件时，与元件相连的导线将始终与元件连接，且自动缩短或伸长，拖动元件同样有以下两种方式：

1）菜单栏："编辑"→"移动"→"拖动"。选择"拖动"命令后，光标变成十字形，将光标移到所要拖动元件上并单击，即可把元件改变为拖动状态。

2）工作区：选中所要拖动的元件，光标变成十字形后按住键盘〈Ctrl〉键，同时按住鼠标左键移动元件。

对连线的电阻元件 R1 进行移动和拖动后的。结果如图 2-35b、c 所示。

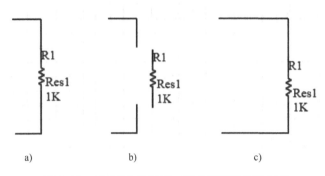

图 2-35　元件 R1 最初图、移动后图和拖动后图

2.7.2　元件的对齐和排列

调整元件经常涉及多个元件统一调整的情况，本节详述如何实现多个元件的对齐和排列。

1. 左对齐

实现左对齐排列有以下两种方式：

1）菜单栏："编辑"→"对齐"→"左对齐"。

2）在选中的任一元件图上右键单击，在弹出的快捷菜单中选择"对齐"→"左对齐"命令。

选中所有要排列的元件，一种方法是利用鼠标左键画框图框选；另一种方法是按住键盘〈Shift〉键后利用鼠标左键点选元件。选中所有元件后，对其使用以上任意一种方式，所选元件则以最左边的对象为基准实现左对齐排列，如图 2-36 所示。

2. 右对齐

实现右对齐排列有以下两种方式：

1）菜单栏："编辑"→"对齐"→"右对齐"。

2）在选中的任一元件图上右击，在弹出的快捷菜单中选择"对齐"→"右对

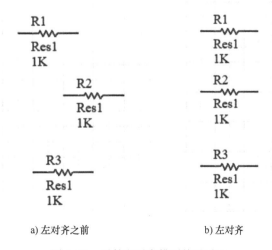

a)左对齐之前　　　　b)左对齐

图 2-36　元件左对齐排列前后对比

齐"命令。

选中所有要排列的元件对象（操作方法与"左对齐"选中元件对象的方法相同），选中所有元件后，对其使用上述"右对齐"两种操作方式的任意一种，所选元件则以最右边的对象为基准实现右对齐排列。

3. 水平中心对齐

实现水平中心对齐排列有以下两种方式：

1）菜单栏："编辑"→"对齐"→"水平中心对齐"。

2）在选中的任一元件图上右击，在弹出的快捷菜单中选择"对齐"→"水平中心对齐"命令。

选中所有要排列的元件对象（操作方法与"左对齐"选中元件对象的方法相同），选中所有元件后，对其使用"水平中心对齐"两种操作方式的任意一种，所选元件则以中间最短距离的垂直线为基准实现水平中心对齐排列。

4. 水平分布

实现水平分布排列有以下两种方式：

1）菜单栏："编辑"→"对齐"→"水平分布"。

2）在选中的任一元件图上右击，在弹出的快捷菜单中选择"对齐"→"水平分布"命令。

选中所有要排列的元件对象（操作方法与"左对齐"选中元件对象的方法相同），对其使用"水平分布"两种操作方式的任意一种，所选的所有元件将以水平距离间等的方式排列于所选元件中最左和最右元件的之间位置。

5. 顶对齐

实现顶对齐排列有以下两种方式：

1）菜单栏："编辑"→"对齐"→"顶对齐"。

2）在选中的任一元件图上右击，在弹出的快捷菜单中选择菜单栏，"排列"→"顶对齐"命令。

选中所有要排列的元件对象（操作方法与"左对齐"选中元件对象的方法相同），对其使用"顶对齐"两种操作方式的任意一种，所选元件将以最顶部的对象为基准实现顶对齐排列。

6. 底对齐

实现底对齐排列有以下两种方式：

1）菜单栏："编辑"→"对齐"→"底对齐"。

2）在选中的任一元件图上右击，在弹出的快捷菜单中选择"对齐"→"底对齐"命令。

选中所有要排列的元件对象（操作方法与"左对齐"选中元件对象的方法相同），对其使用"底对齐"两种操作方式的任意一种，所选元件将以最底部的对象为基准实现底对齐排列。

7. 垂直中心对齐

实现垂直中心对齐排列有以下两种方式：

1）菜单栏："编辑"→"对齐"→"垂直中心对齐"。

2）在选中的任一元件图上右击，在弹出的快捷菜单中选择"对齐"→"垂直中心对齐"

命令。

选中所有要排列的元件对象（操作方法与"左对齐"选中元件对象的方法相同），对其使用"垂直中心对齐"两种操作方式的任意一种，所选元件则将以所有元件的垂直中心线为基准实现垂直中心对齐排列。

8. 垂直分布

实现垂直分布排列有以下两种方式：

1）菜单栏："编辑"→"对齐"→"垂直分布"。

2）在选中的任一元件图上右击，在弹出的快捷菜单栏中选择"对齐"→"垂直分布"命令。

选中所有要排列的元件对象（操作方法与"左对齐"选中元件对象的方法相同），对其使用"垂直分布"两种操作方式的任意一种，所选元件则将以所有元件的垂直距离处于中间的元件移到最顶和最底元件的中心位置。

9. 对齐到栅格上

实现对齐到栅格上有以下两种方式：

1）菜单栏："编辑"→"对齐"→"对齐到栅格上"。

2）在选中的任一元件图上右击，在弹出的快捷菜单中选择"对齐"→"对齐到栅格上"命令。

选中所有要排列的元件对象（操作方法与"左对齐"选中元件对象的方法相同），对其使用"对齐到栅格上"两种操作方式的任意一种，所选元件将移到距其最近的网格上。

2.8　更新元件编号

当元件数量较多、直接复制导致元件编号重叠或检查不便时，可利用 Altium Designer 10 软件的自动更新元件编号功能对元件重新编号，这需要通过菜单栏的"工具"→"注解"命令打开"注释"对话框进行设置，如图 2-36 所示。

"注释"对话框中包含处理顺序、匹配选项、原理图页面注释、提议更改列表四个选项组。

1. 处理顺序

注释的处理顺序有四种模式：先上后右、先下后右、先右后上、先右后下。图 2-37 对话框中为"先右后下（Across Then Down）"模式。左右和上下是基于元件的坐标来区分的，同一纵坐标下有左右之分，如无同一纵坐标元件，以其大小区分上下。

2. 匹配选项

针对原理图的元件编号，默认情况下只选中"元件参数"列中的"Comment"和"Library Reference"复选框，对元件的编号内容进行修改。

3. 原理图页面注释

当存在多份原理图需要统一元件编号时，在原理图页面注释中只要将需要统一编号的原理图选中，即可在后面的编号中实现选中原理图的统一编号。

4. 提议更改列表

提议更改列表部分列出所有元件的当前值（当前的）和建议值（被提及的），单击"接

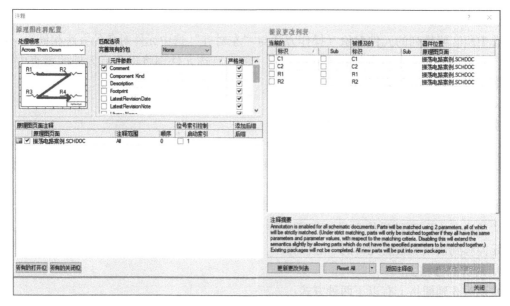

图 2-37 "注释"对话框

收更改（创建 ECO）"按钮后，软件将把建议值修改成元件的标识符。

下面以"振荡电路案例"为例进行更新元件编号，其原理图如图 2-38 所示。

【实例 2-2】更新元件编号

1) 在"处理顺序"下拉列表框中选择"Up Then Across（先上后右）"选项，确认"匹配选项"选项组中选中"Comment"和"Library Reference"复选框，"原理页面注释"选项组中选中目标图纸。

2) 单击"Reset All"按钮，弹出"Information"对话框，提示即将重置 4 个元件，如图 2-39 所示。

3) 单击"OK"按钮后，"提议更改列表"中将所有元件的建议值修改成"C?"或"R?"，如图 2-40所示。

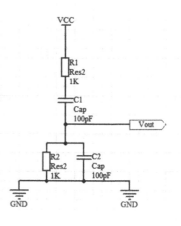

图 2-38 "振荡电路案例"原理图

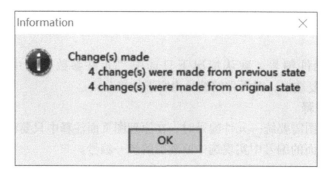

图 2-39 "Information"对话框

当前的			被提及的		器件位置
标识	/	Sub	标识	Sub	原理图页面
☐ C1		☐	C?		振荡电路案例.SCHDOC
☐ C2		☐	C?		振荡电路案例.SCHDOC
☐ R1		☐	R?		振荡电路案例.SCHDOC
☐ R2		☐	R?		振荡电路案例.SCHDOC

注释摘要
Annotation is enabled for all schematic documents. Parts will be matched using 2 parameters, all of which will be strictly matched. (Under strict matching, parts will only be matched together if they all have the same parameters and parameter values, with respect to the matching criteria. Disabling this will extend the semantics slightly by allowing parts which do not have the specified parameters to be matched together.) Existing packages will not be completed. All new parts will be put into new packages.

图 2-40　变化后的提议更改列表

4）单击"更新更改列表"按钮，弹出"Information"对话框，提示即将重置 2 个元件，如图 2-41 所示。

5）单击"OK"按钮后，"提议更改列表"中所有元件的建议值将发生更改变化，如图 2-42 所示。

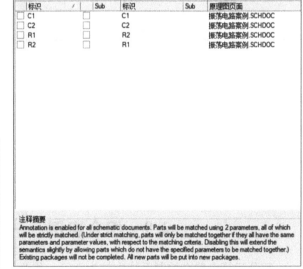

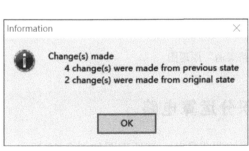

图 2-41　"Information"对话框　　　　图 2-42　2 个标识变化后的提议更改列表

6）确认无误后，单击"接收更改（创建 ECO）"按钮，弹出图 2-43 所示"工程更改顺序"对话框，单击"生效更改"按钮，再单击"执行更改"按钮，然后单击"关闭"按钮返回"注释"对话框，即可完成标识符在图纸中的修改。更改后的"振荡电路案例"原理图中可以看出电阻 R1 和 R2 标识发生了变化，如图 2-44 所示。

图 2-43 "工程更改顺序"对话框

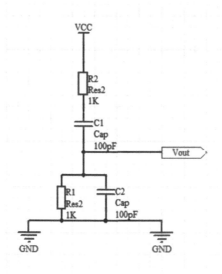

图 2-44 更改后的"振荡电路案例"原理图

2.9 综合实例——积分运算电路

积分运算电路在控制系统中较为常见，作为系统的调节环节，其原理图如图 2-45 所示。
设计思路：
首选，创建新的原理图，并选好存储位置保存文件；其次，对电路中的元器件进行初步

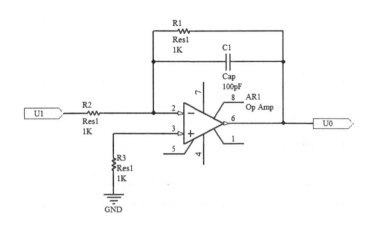

图 2-45　积分运算电路原理图

统计，本电路由 3 个电阻、1 个电容、1 个运算放大器、1 个 GND 端口、2 个输入输出端口和若干导线组成，绘制此电路的方法是先放置各个元器件，经过位置调整后，再用导线将它们连接起来，最后放置电气节点和标识符。

具体的操作步骤如下：

【新建原理图并保存】

1）首先，新建原理图：选择"文件"→"新建"→"原理图"命令，新建原理图。其次，保存文件：选择"文件"→"保存为"命令，在弹出的对话框中选好位置，并将文件名称改为"积分运算电路"，单击"保存"按钮进行保存。

【放置元件与端口】

2）放置元件：选择"放置"→"器件"命令，如图 2-46 所示。

3）在弹出的"放置端口"对话框（图 2-47）中，单击"选择"按钮，进入"浏览库"对话框，如图 2-48 所示。

4）在"浏览库"对话框中，元件库中每一个型号的元器件均与右边的模型一一对应，可通过右边所示模型辨别元件。拖动元件名称部分的滚动条，选择元件"Cap"，单击"确认"按钮，返回"放置端口"对话框，如图 2-49 所示。

图 2-46　"放置"→"器件"命令

5）单击"放置端口"对话框中的"确定"按钮，在图纸上单击鼠标左键完成电容放置。此时再单击鼠标右键，继续返回"放置端口"对话框。

6）重复步骤 3）、4）操作，在"浏览库"对话框中选择元件"Res1"，设置元件标识符后单击"确定"按钮返回"放置端口"对话框，再单击"放置端口"对话框"确定"按钮，在图纸上单击鼠标左键 3 次，连续放置 3 个电阻。

7）重复步骤 3）、4）操作，在"浏览库"对话框中选择元件"Op Amp"，单击"确定"按钮返回"放置端口"对话框，再单击"放置端口"对话框"确定"按钮，在图纸上

图 2-47 "放置端口"对话框

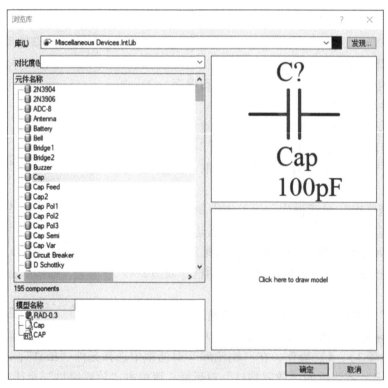

图 2-48 "浏览库"对话框

放置运算放大器。

8）放置 GND 端口：选择"放置"→"电源端口"命令，如图 2-50 所示。选好位置后，单击鼠标左键完成 GND 端口放置，单击鼠标右键退出放置命令。

图 2-49　返回"放置端口"对话框　　　　图 2-50　"放置"→"电源端口"命令

9）放置端口：与步骤 8）类似，选择"放置"→"端口"命令，选好位置后，单击鼠标左键完成端口左边放置，再单击鼠标左键完成端口右边放置，单击鼠标右键退出放置命令。

10）修改端口属性。双击端口器件图标，弹出"端口属性"对话框，如图 2-51 所示。修改端口名称为 U1，选择 I/O 类型为"Input"，单击"确定"按钮退出属性编辑。

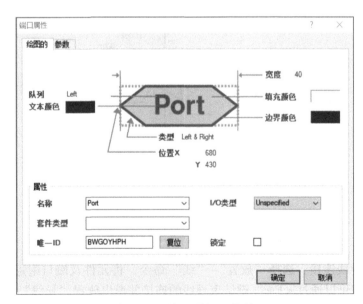

图 2-51　"端口属性"对话框

11）与步骤 9）、10）类似，放置 U0 端口，选择 I/O 类型为"Output"。元件放置示意图如图 2-52 所示。

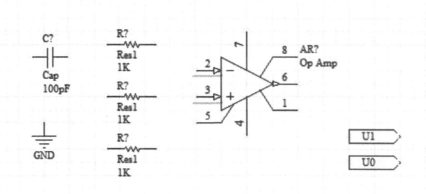

图 2-52　元件放置示意图

【元件摆放和连线】

12）以运算放大器为中心，分别调整电容和电阻位置，调整方法分别为单击电阻和电容元件主图形（选中元件），移动到与原理图元件相对应的位置，其中一个电阻在移动过程中按一次空格键以翻转 90°。调整完位置后的效果图如图 2-53 所示。

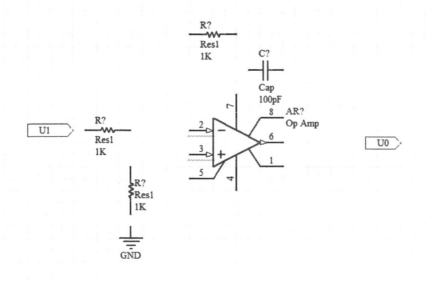

图 2-53　元件调整完位置后的效果图

13）原理图导线连接：选择"放置"→"线"命令，将元件及端口附近相连接的引脚连接在一起。本步骤可以通过 <Esc> 键结束导线的连接并退出放置"导线"状态。

【元件编号】

14）选择"工具"→"注释"命令，弹出"注释"对话框，如图 2-54 所示。在"处理顺序"选项组中选择"Across Then Down"选项，在"匹配选项"选项组中选中"Comment"和"Library Reference"复选框，以上三者均为默认值。

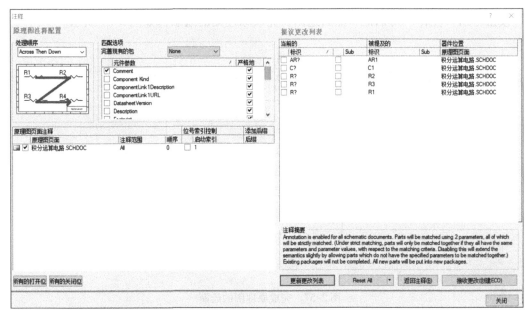

图 2-54　"注释"对话框

15）单击"更新更改列表"按钮，在弹出的"Information"对话框（见图 2-55）中单击"OK"按钮，软件将修改标识符的建议值，形式从"字母 + ?"变成"字母 + 数字"，且数字顺序按"Across Then Down"排列，如图 2-56 所示。

图 2-55　"Information"对话框

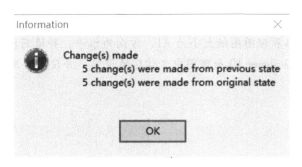

当前的			被提及的		器件位置
标识	/	Sub	标识	Sub	原理图页面
AR?			AR1		积分运算电路.SCHDOC
C?			C1		积分运算电路.SCHDOC
R?			R2		积分运算电路.SCHDOC
R?			R3		积分运算电路.SCHDOC
R?			R1		积分运算电路.SCHDOC

图 2-56　提议更新列表

16）单击"接收更改（创建 ECO）"按钮，弹出"工程更改顺序"对话框，单击"生效更改"按钮，用建议值代替当前值，执行完毕后，单击"执行更改"按钮，再单击"关闭"按钮返回"注释"对话框，然后退出，完成原理图的绘制，如图 2-57 所示。

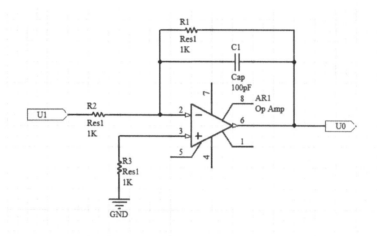

图 2-57　完成原理图的绘制

习　　题

2-1　创建一个 PCB 工程，并在该工程下新建电路原理图。

2-2　可视栅格、捕获栅格、元件放置捕获栅格、电气栅格分别有什么作用？尝试设置不同值，并观察效果。

2-3　设置新建电路原理图图纸大小为 A1、方向为水平，并填写图纸信息。

2-4　简述 Altium Designer 10 原理图中工作环境设置，并设置常用的选项卡。

第 3 章
原理图绘制

原理图的绘制是 Altium Designer 10 软件设计电路的基础。除了基本的元件，电路原理图还包括导线、电气节点、电源符号、输入/输出端口和网络标签等。本章将对上述常用基本元素的绘制进行讲解。

3.1 导 线 连 接

导线是 Altium Designer 10 中具有电气连接关系的组件，常用其将两个在电气关系上相关的点连接起来。

执行放置线命令的常用方式有以下三种：

1）工作区：右键单击→"放置"→"线"。

2）"布线"工具栏：选择"放置线"快捷图标。

3）菜单栏："放置"→"线"。

【实例 3-1】放置导线

1）执行放置线命令后，光标将变成十字形，将光标移至导线连接的起点位置，如果光标处出现红色"×"，则表明光标与元件的电气点相重叠，可在此处放置导线，如图 3-1a 所示。

2）在起点位置单击鼠标左键后，移动光标至终点，在第二个元件上出现红色"×"的位置继续单击鼠标左键，完成导线放置。如果中间需要折点，则先将光标移动到折点处单击鼠标左键（见图3-1b），再移至终点处单击鼠标左键（见图3-1c）。

3）放置完导线后，可按〈Esc〉键或在工作区单击鼠标右键退出导线放置状态，如图3-1d所示。

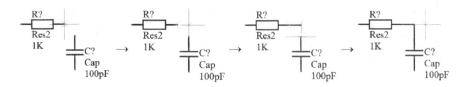

　　a) 放置导线起点　　　　b) 放置导线中间折点　　　c) 放置导线终点　　　d) 完成导线放置

图 3-1　放置导线

鼠标左键双击导线弹出"线"对话框，在"绘图的"选项卡中可设置导线的颜色和线宽，如图3-2所示，导线宽度有 Smallest（最细）、Small（细，默认）、Medium（中）和 Large（大）。在"顶点"选项卡中可编辑导线顶点的坐标位置，单位是 mil，如图3-3所示。

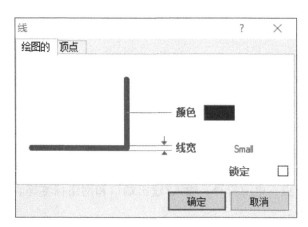

图 3-2　"绘图的"选项卡

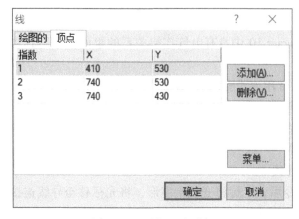

图 3-3　"顶点"选项卡

3.2　总　线　连　接

单纯的网络标签虽然可以表示图纸中相连的导线，但是由于连接位置的随意性，给工程人员分析图纸和查找相同的网络标签工作带来一定困难。如果需连接的一组导线距离较长且数量较多，但具有相同的电气特性，此时可采用总线连接方式。由于同一组网络标签全部位于该总线上，所以缩小了查看的范围，增加了识图的直观性。

总线代表具有相同电气特性的一组导线，不是单独的一根普通导线，它由总线入口引出各条分导线，而以网络标签来标识和区分各条分导线，具有相同网络标签的分导线是同一根导线，总线和总线入口如图 3-4 所示，Altium Designer 10 中的总线是多根并行导线的组合，用一根较粗的线条来表示。总线入口通常由倾斜 45°的短斜线来表示。

执行放置总线命令的常用方式有以下三种：

1）工作区：鼠标右键单击→"放置"→"总线"。

2）"布线"工具栏：选择"放置总线"快捷图标。

3）菜单栏："放置"→"总线"。

图 3-4　总线和总线
入口示意图

放置总线的步骤与放置导线的步骤类似。

鼠标左键双击总线弹出"总线"对话框，在"绘图的"选项卡中可以设置总线的颜色和宽度，如图 3-5 所示，总线宽度有 Smallest（最细）、Small（细，默认）、Medium（中）和 Large（大）。在"顶点"选项卡中可以设置顶点的坐标，如图 3-6 所示，单位为 mil。

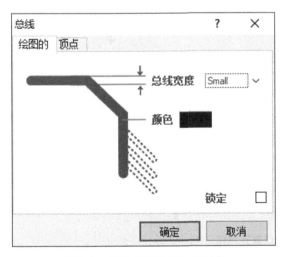

图 3-5　总线"绘图的"选项卡

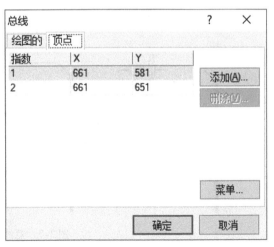

图 3-6　总线"顶点"选项卡

放置完总线后，还需要利用放置总线入口命令与总线相连接。执行放置总线入口命令的常用方式同样有以下三种：

1）工作区：鼠标右键单击→"放置"→"总线进口"。

2）"布线"工具栏：选择"放置总线入口"快捷图标。

3）菜单栏："放置"→"总线进口"。

【实例3-2】放置总线入口

1）执行放置总线入口命令后，光标将变成十字形，并带有向右上方倾斜45°的短斜线，将光标移至欲引入或引出支线的总线位置，如果光标处出现红色"×"，则表明光标与元件的电气点相重叠，可在此处放置总线入口。

2）在选定位置上用鼠标左键单击，完成一个支线的放置，可重复此操作完成其他总线入口的放置。如果需要改变支线出线方向，可按空格键改变角度（每次逆时针改变90°）。

3）放置完总线入口后，可按〈Esc〉键或右键单击工作区以退出总线入口放置状态。

4）放置完毕后，如果总线入口不与元件直接相连接，还需要将元件与总线入口用导线连接。

综上，总线入口放置流程如图3-7所示。需要注意：导线与总线在电气关系上不能直接相连接，中间必须通过总线入口。

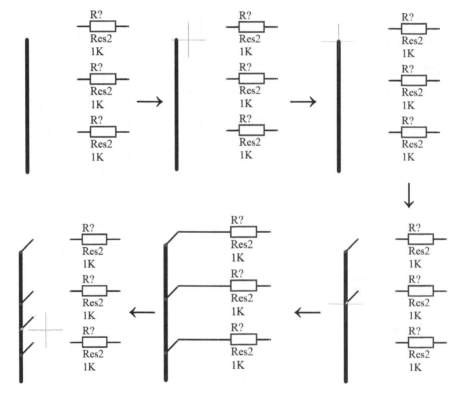

图3-7　总线入口放置流程

鼠标左键双击总线弹出"总线入口"对话框，可从中设置支线的颜色、位置（角度）、线宽及顶点，切换的坐标单位为 mil。如图3-8所示，线宽有 Smallest（最细）、Small（细，默认）、Medium（中）和 Large（大），角度由始末位置坐标决定。

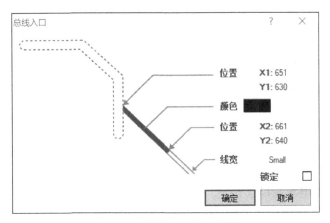

图 3-8　"总线入口"对话框

3.3　放置电气节点

Altium Designer 10 中的电气节点可用来表示电路图中两条导线相交的交点。如果两相交节点处有电气节点，则表示两导线在电气上相连接；如果没有电气节点，则表示两导线在电气上不相连。

执行手工接点命令的常用方式有以下两种：

1）工作区：鼠标右键单击→"放置"→"手工接点"。

2）菜单栏："放置"→"手工接点"。

【实例 3-3】手工放置电气节点

1）执行手工接点命令后，光标将变成十字形，并在中间带红色圆节点，将光标移至两导线相交的位置，如果光标处出现红色"×"，则表明光标与导线相交的电气点相重叠，可在此处放置电气节点。

2）在选定位置上单击鼠标左键，完成一个电气节点的放置。

3）放置完电气节点后，可按〈Esc〉键或右键单击工作区以退出电气节点放置状态。

需要注意：电气节点与两导线是不同的电气符号，如果移动某一导线，需要将电气节点重新移动至交点处。

鼠标左键双击节点弹出"连接"对话框，可从中设置节点的颜色、位置和大小属性，如图 3-9 所示，"大小"下拉列表中有 Smallest（最细）、Small（细，默认）、Medium（中）和 Large（大），位置由图纸坐标决定，单位为 mil。

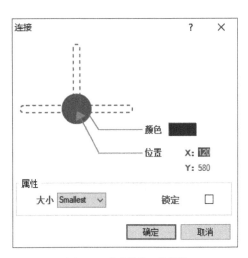

图 3-9　"连接"对话框

71

3.4 放置电源与接地符号

在 Altium Designer 10 中，电源与接地符号属于同一类别的元件，具有网络标签，可使用"电源"放置各种电源与接地符号。

执行"电源"命令的常用方式有以下三种：

1）工作区：鼠标右键单击→"放置"→"电源端口"。

2）"布线"工作栏：选择"VCC 电源端口"或"GND 端口"快捷图标。

3）菜单栏："放置"→"电源端口"。

【实例 3-4】放置电源端口（接地）

1）执行"电源"命令后，光标将变成十字形，并带红色接地符号，符号的基准点在十字光标交点处，将光标移至欲接地的导线位置，如果光标处出现红色"×"，则表明光标与导线的电气点相重叠，可在此处放置接地符号。

2）在选定位置单击鼠标左键，完成一个接地符号的放置。

3）放置完导线，可按〈Esc〉键或在工作区单击鼠标右键以退出接地符号放置状态。

以上三个步骤如图 3-10 所示。

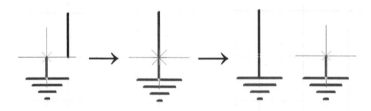

图 3-10 放置接地符号

鼠标左键双击接地符号或电源符号，弹出"电源端口"对话框（见图 3-11），可从中设

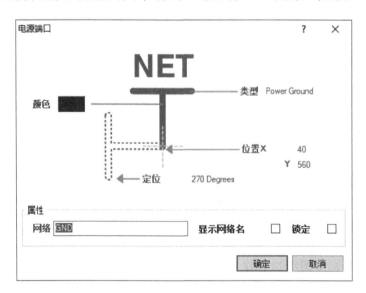

图 3-11 "电源端口"对话框

置电源端口的颜色、位置、定位、网络标签和类型，定位可分为 0 Degrees、90 Degrees、180 Degrees、270 Degrees；类型有 Circle、Arrow、Bar、Wave、Power Ground、Signal Ground、Earth"，如图 3-12 所示；位置由图纸中坐标决定，单位为 mil；可以选择是否显示网络名、是否锁定等命令。

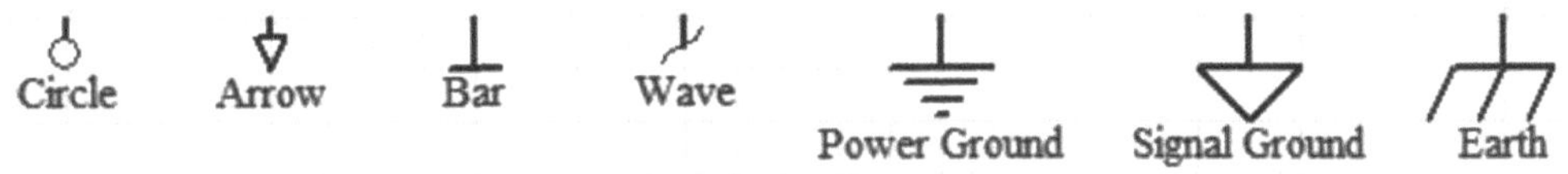

Circle Arrow Bar Wave Power Ground Signal Ground Earth

图 3-12 各种"电源端口"符号类型

在放置电源端口的过程中，可以利用快捷键实现元件的旋转和翻转：按空格键，可实现电源符号逆时针旋转 90°；按〈X〉键，可实现左右翻转；按〈Y〉键，可实现上下翻转。

3.5 放置输入/输出端口

输入/输出端口（I/O 端口）也可以用来表示原理图上两点之间在电气上的连接关系，具有相同名称的 I/O 端口在电气层面上是相连接的。在 Altium Designer 10 中，放置输入/输出端口可通过放置端口命令实现。

执行放置端口命令的常用方式有以下三种：

1）工作区：鼠标右键单击→"放置"→"端口"。

2）"布线"工具栏：选择"放置端口"快捷图标。

3）菜单栏："放置"→"端口"。

【实例 3-5】放置输入/输出端口

1）执行放置端口命令后光标将变成十字形，并带黄色多边形 Port 端口符号，端口符号的基准点在十字光标交点处，即图形的左边中心位置，将光标移至外接端口的导线位置，如果光标处出现红色"×"，则表明光标与导线的电气点相重叠，可在此处放置端口符号。

2）在选定位置单击鼠标左键，光标向右边移动，伸长至合适长度再次单击以确定符号长度，完成一个输入/输出端口的放置。

3）放置完端口后，可按〈Esc〉键或在工作区中单击鼠标右键以退出端口放置状态。

以上三个步骤如图 3-13 所示。

鼠标左键双击端口符号弹出"端口属性"对话框，如图 3-14 所示，可从中设置电源端口的文本、填充和边界颜色、队列、类型、位置和宽度，也可设置名称、套件类型、唯一 ID 和 I/O 类型，也可以对端口进行锁定。队列有 Left（左）、Right（右）和 Center（中）；类型有 None（Horizontal）（水平无方向）、Left（左）、Right（右）、Left & Right（左右型）、None（Vertical）（垂直无方向）、Top（向上）、Bottom（向下）、Top & Bottom（上下型）；位置可以设定 X 和 Y 的坐标值，在系统默认情况下所有数值单位为 mil；I/O 类型有 Unspecified（未指定）、Output（输出型）、Input（输入型）、Bidirectional（双向型）。

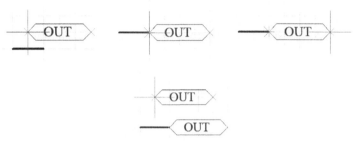

图 3-13 放置端口

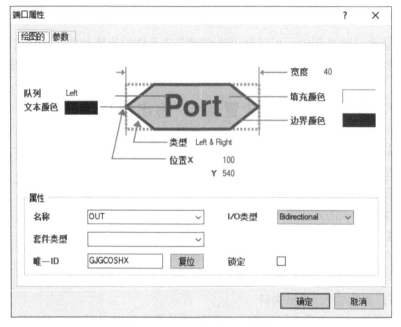

图 3-14 "端口属性"对话框

3.6 放置网络标签

在 Altium Designer 10 中，网络标签用来记录电气对象在原理图中的名称，具有相同网络标签的点，在电气意义上可视为同一点，即简化了各点之间的连接导线。

执行放置网络标签命令的常用方式有以下三种：

1）工作区：鼠标右键单击→"放置"→"网络标号"。

2）"布线"工具栏：选择"放置网络标号"快捷图标。

3）菜单栏："放置"→"网络标号"。

【实例3-6】放置网络标签

1）执行放置网络标签命令后，光标将变成十字形，并带红色"NetLabel1"符号，符号的基准点在符号的左下角位置，如果光标处出现红色"×"，则表明光标与导线的电气点相重叠，可在此处放置网络标签。

2）在选定位置单击鼠标左键，完成一个网络标签的放置，紧接着的下一个网络标签在网络名称上会递增。如果要将不同点表示为同一点，则需要统一各点的网络标签。

3）放置完网络标签后，可按〈Esc〉键或在工作区单击鼠标右键以退出网络标签放置状态。

网络标签放置流程如图 3-15 所示。

图 3-15　网络标签放置流程

选中所绘网络标签，按住〈Ctrl〉键，同时双击鼠标左键弹出"网络标签"对话框（见图 3-16），可从中设置网络标签的颜色、位置、定位、属性和字体，位置可设置 X 和 Y 的坐标值，单位为 mil，定位可可分为 0 Degrees、90 Degrees、180 Degrees、270 Degrees，也可以对网络标签进行锁定。

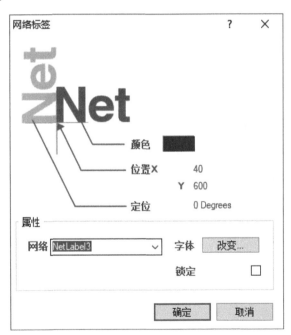

图 3-16　"网络标签"对话框

3.7　放置忽略 ERC 检查指示符

在 Altium Designer 10 中，忽略 ERC 检查指示符用来让软件执行电气规则检查，忽略对某些点的检查，以防止在检查报告中出现错误或警告信息。例如，一般原理图的输入端口会被空置，但 Altium Designer 10 系统要求所有输入端口或引脚必须连接，如果没有在此处放置忽略 ERC 检查指示符，那么进行电气规则检查是会编译出错，如果在此处放置该指示符，那么此处的检查将被忽略。执行忽略 ERC 检查指示符命令的常用方式有以下三种：

1）工作区：鼠标右键单击→"放置"→"指示"→"没有 ERC"。

2）"布线"工具栏：选择"放置没有 ERC 标志"快捷图标。

3）菜单栏："放置"→"指示"→"没有 ERC"。

【**实例 3-7**】放置忽略 ERC 检查指示符

1）执行忽略 ERC 检查指示符命令后，光标将变成十字形，并带红色"×"符号，将光标移至欲放置忽略 ERC 检查的导线位置。

2）在选定位置单击鼠标左键，完成一个忽略 ERC 检查指示符的放置。

3）放置完忽略 ERC 检查指示符后，可按〈Esc〉键或右键单击工作区以退出忽略 ERC 检查指示符放置状态。

忽略 ERC 检查指示符放置流程如图 3-17 所示。

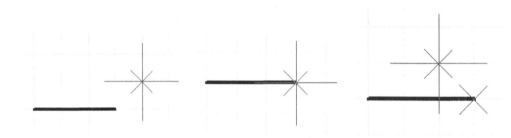

图 3-17　忽略 ERC 检查指示符放置流程

选中所绘忽略 ERC 检查指示符，按住〈Ctrl〉键，同时双击鼠标左键弹出"不做 ERC 检查"对话框（见图 3-18），可从中设置忽略 ERC 检查指示符的颜色、位置，位置可设置 X 和 Y 的坐标值，单位为 mil，也可以对指示符进行锁定。

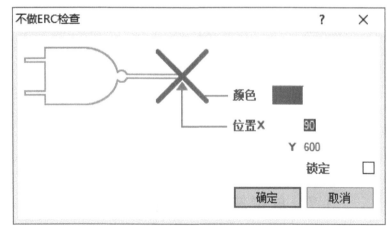

图 3-18　"不做 ERC 检查"对话框

3.8　绘　制　图　形

在绘制原理图的过程中，经常需要加上必要的文字或图形说明，Altium Designer 10 为此提供了功能齐全的绘制工具，其中包括直线、多边形、圆弧、贝塞尔曲线等图形工具。这些图形均不具有电气特性，只起注释说明作用。

3.8.1　绘制直线

绘图工具中的"线"与原理图中的"线"在外观上似乎一致，但却有本质区别，前者不具有电气特性，后者具有电气特性，类似于导线，可以实现模拟元件之间的物理连接。

绘制直线的步骤与原理图中的导线连接类似。

【实例3-8】绘制直线

1）右键单击工作区面板，在弹出的菜单中（或直接在菜单栏中）选择"放置"→"绘图工具"→"线"命令。

2）在起点位置单击鼠标左键后，移动光标至终点再单击鼠标左键，如果中间有折点，则先将光标移动到折点处单击鼠标左键，然后移至终点处再单击鼠标左键。退出绘制命令与退出放置状态一致，可按〈Esc〉键或单击鼠标右键。

选中所绘"线"状态下，同时双击鼠标左键弹出"PolyLine"对话框（见图 3-19），其中"绘图的"选项卡中可设置开始线外形、结束线外形、线外形尺寸、线宽、线种类、颜色，也可以对"线"进行锁定；"顶点"选项卡可设置各顶点的 X 和 Y 坐标值，单位为 mil。线外形尺寸和线宽有 Smallest（最细）、Small（细，默认）、Medium（中）和 Large（大）；开始线外形和结束线外形可选择的线型如图 3-20 所示；线种类主要可选 Solid（实线）、Dashed（破折号虚线）和 Dotted（点线）三种类型。

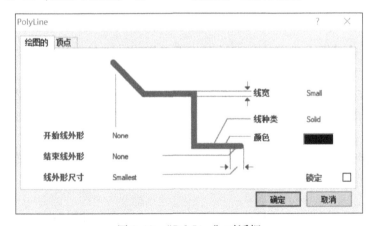

图 3-19　"PolyLine"对话框

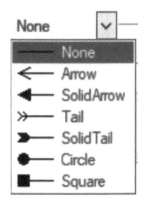

图 3-20　线型

3.8.2　绘制多边形

【实例3-9】绘制多边形

1）鼠标右键单击工作区面板，在弹出的菜单中（或直接在菜单栏中）选择"放置"→

"绘图工具"→"多边形"命令。

2）在第一个顶点位置单击后，移动光标至第二个顶点单击，依次确定各个顶点。确定完最后的顶点后，软件将自动闭合所绘制的多边形。

选中所绘多边形状态下，同时双击鼠标左键弹出"多边形"对话框（见图3-21），其中"绘图的"选项卡中可设置填充颜色、边界颜色、边框宽度、拖拽实体和透明的等命令，也可以对"多边形"进行锁定；"顶点"选项卡中可设置各顶点的 X 和 Y 坐标值，单位为 mil。对于选中已绘制好的多边形，各个顶点将呈现可控制状态，可以通过拖动控制点或边调整多边形的形状。

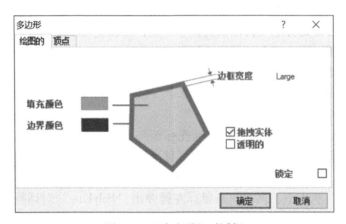

图 3-21　"多边形"对话框

3.8.3　绘制圆弧

Altium Designer 10 软件提供有弧、椭圆弧和椭圆的图形绘制工具，这三种图形绘制步骤大同小异。

【实例 3-10】绘制弧

1）右键单击工作区面板，在弹出的菜单中（或直接在菜单栏中）选择"放置"→"绘图工具"→"弧"命令。

2）选择适当位置单击，作为圆弧的圆心；向外移动光标到合适的位置单击，确定圆弧半径；移动光标到适当位置单击，确定圆弧起点；移动光标到适当位置单击，确定圆弧终点，至此完成圆弧的绘制。

选中所绘制弧状态下，同时双击鼠标左键弹出"弧"对话框（见图3-22），可以设置相应参数。

【实例 3-11】绘制椭圆弧

1）右键单击工作区面板，在弹出的菜单栏中选择"放置"→"绘图工具"→"椭圆弧"命令。

2）选择适当位置单击，作为椭圆弧的圆心；左右移动光标到适当位置单击，确定椭圆弧的 X 轴半径；上下移动光标到适当位置单击，确定椭圆弧的 Y 轴半径；移动光标到适当位置单击，确定椭圆弧起点；移动光标到适当位置单击，确定椭圆弧终点，至此完成椭圆弧的绘制。

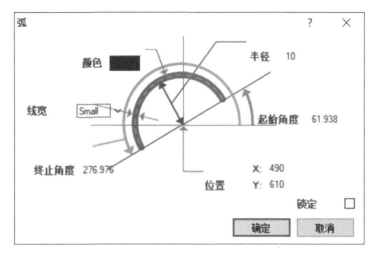

图 3-22 "圆弧"对话框

选中所绘制椭圆弧状态下，同时双击鼠标左键弹出"椭圆弧"对话框（见图 3-23），可以设置相应参数。

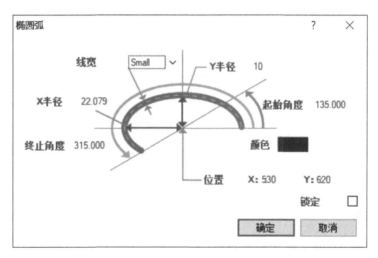

图 3-23 "椭圆弧"对话框

【实例 3-12】绘制椭圆

1）右键单击工作区面板，在弹出的菜单中（或直接在菜单栏中）选择"放置"→"绘图工具"→"椭圆"命令。

2）选择适当位置单击，作为椭圆的圆心；向外移动光标到适当水平位置单击，确定椭圆的 X 轴大小；再移动光标到适当竖直位置单击，确定椭圆的 Y 轴大小，完成椭圆的绘制。

选中所绘制椭圆状态下，同时双击鼠标左键弹出"椭圆形"对话框（见图 3-24），可以设置相应参数。

3.8.4　绘制贝塞尔曲线

贝塞尔曲线是一类常见的曲线模型，在 Altium Designer 10 中，可以通过确定 4 个点绘制

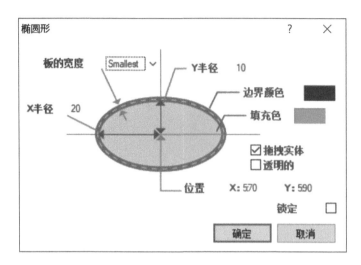

图 3-24 "椭圆形"对话框

出相应的曲线。

【实例 3-13】绘制贝塞尔曲线

1）右键单击工作区面板，在弹出的菜单中（或直接在菜单栏中）选择"放置"→"绘图工具"→"贝塞尔曲线"命令。

2）选择适当位置单击，作为曲线的起点；移动光标拉出一直线，在适当位置单击，再移动光标到曲线呈现适当曲率时单击；继续移动光标可改变曲线弯曲方向，选择适当方向后单击，确定终点，至此完成该段贝塞尔曲线的绘制。

选中所绘制贝塞尔曲线状态下，同时双击鼠标左键弹出"贝塞尔曲线"对话框（见图 3-25），可以设置相应参数。

3.8.5 绘制矩形

在 Altium Designer 10 中，矩形分为直角矩形和圆角矩形，画法步骤类似，本节以直角矩形为例进行介绍。

【实例 3-14】绘制直角矩形

1）右键单击工作区面板，在弹出的菜单中（或直接在菜单栏中）选择"放置"→"绘图工具"→"矩形"命令。

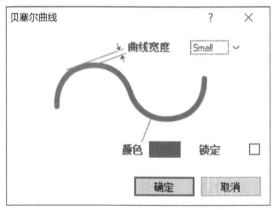

图 3-25 "贝塞尔曲线"对话框

2）选择命令后，界面出现浮动矩形，选择适当位置单击，作为矩形的左下点；移动光标可改变矩形大小，在适当位置单击确定矩形大小，至此完成矩形的绘制。

选中所绘制矩形状态下，同时双击鼠标左键弹出"长方形"对话框（见图 3-26），可以设置相应参数。

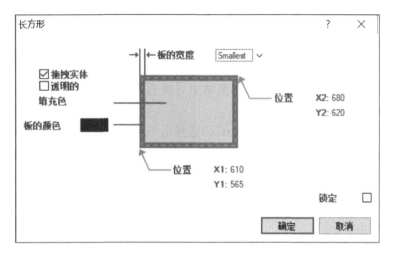

图 3-26 "长方形"对话框

3.8.6 绘制饼图

【实例 3-15】绘制饼图

1）右键单击工作区面板，在弹出的菜单中（或直接在菜单栏中）选择"放置"→"绘图工具"→"饼形图"命令。

2）选择命令后，界面出现浮动饼图，选择适当位置单击，作为饼图的圆心；通过移动光标至适当位置单击，确定饼图半径；移动光标在适当方位角时单击，确定饼图的起始边；最后移动光标在适当方位角时单击，确定饼图的终止边，完成饼图绘制。

选中所绘制饼图状态下，同时双击鼠标左键弹出"Pie 图表"对话框（见图 3-27），可以设置相应参数。

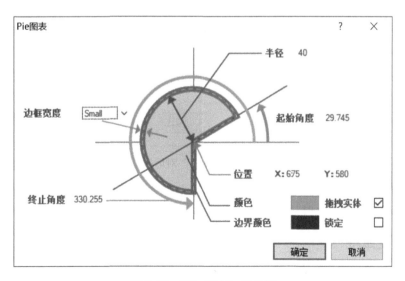

图 3-27 "Pie 图表"对话框

3.8.7　放置注释文字

在原理图中，注释文字用于对电气节点和线路进行标注。

【实例3-16】放置注释文字

1）右键单击工作区面板，在弹出的菜单中（或直接在菜单栏中）选择"放置"→"文本字符串"命令。

2）选择命令后，界面出现浮动"Text"，选择适当位置单击，确定文字位置；然后在文字上双击，弹出"标注"对话框（见图3-28），修改文本；修改后单击"确定"按钮退出对话框。

图 3-28　"标注"对话框

选中所绘制注释文字状态下，同时双击鼠标左键弹出"标注"对话框，可以设置相应参数，特别是可以更改文本以及字体。

3.8.8　放置文本框

在原理图中，与注释文字相比，文本框常用于对部分原理图或某部分原理进行大段文字的注释。

【**实例 3-17**】放置文本框

1）右键单击工作区面板，在弹出的菜单中（或直接在菜单栏中）选择"放置"→"文本框"命令。

2）选择命令后，光标处出现虚线框，选择适当位置单击，确定文本框左上角位置；移动光标改变文本框大小后单击，确定文本框。

双击文字框，弹出"文本结构"对话框（见图 3-29），可对文本框的属性进行修改。其中，单击"文本"后的"改变"按钮可进入"TextFrame Text"对话框进行文字修改，修改后单击"确定"按钮退出对话框。

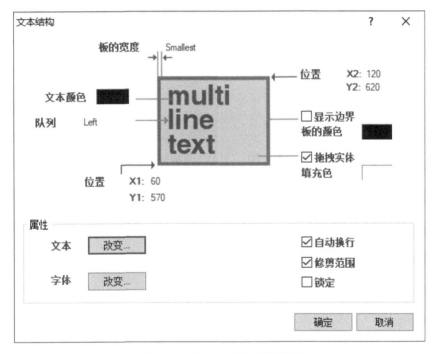

图 3-29　"文本结构"属性设置

3.8.9　添加图片

图片作为一种注明方式，同样在 Altium Designer 10 中可以被添加在原理图当中进行修饰或注明。

【**实例 3-18**】添加图片

1）右键单击工作区面板，在弹出的菜单中（或直接在菜单栏中）选择"放置"→"绘图工具"→"图像"命令。

2）选择命令后，光标处出现虚线框，选择适当位置单击鼠标左键，移动光标改变虚线框大小后再单击鼠标左键，确定图片框大小，此时软件会弹出"打开"对话框，如图 3-30 所示，选择要放置的图片，然后单击"打开"按钮退出对话框，完成图片放置。

选中所选的图片状态下，同时双击鼠标左键弹出"绘图"对话框（见图 3-31），可以设置相应参数，特别是可以更改图片文件等。

图 3-30 "打开"对话框

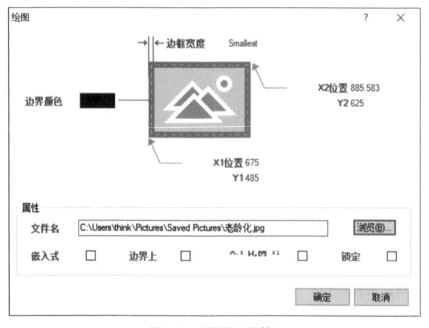

图 3-31 "绘图"对话框

3.9 综合实例——AD 转换电路

在数字电路系统中，A/D（模/数）转换电路是比较常见的系统，本例中所绘 AD 转换电路原理图如图 3-32 所示。

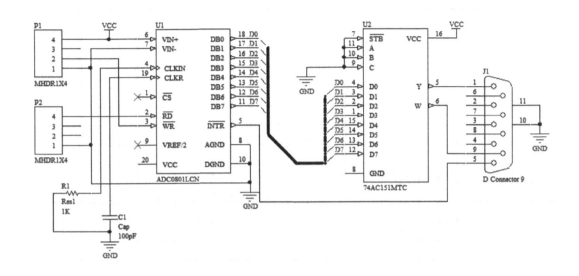

图 3-32　AD 转换电路原理图

设计思路:

首先,创建新的原理图,并选好存储位置进行文件保存;其次,对电路中的元件进行初步分析,该原理图由电阻、电容、"接地"符号、AD 芯片、集成芯片、接插件、连接器、电源符号和导线组成。绘制此图的方法是先放置所有元件,确定 AD 芯片和集成芯片的位置后进行元件布局,然后用导线将它们连接,其中可利用总线连接两芯片,最后放置接地符号,即可完成全图。

具体操作步骤如下:

【新建原理图并保存】

1) 首先,新建原理图:选择"文件"→"新建"→"原理图"命令,新建原理图。其次,保存文件:选择"文件"→"保存为"命令,在弹出的对话框中选择好位置,将文件名称更改为"AD 转换电路",单击"保存"按钮保存。此时进入原理图编译工作环境。

【放置元件】

2) 放置元件:选择"放置"→"器件"命令,在弹出的"放置端口"对话框中单击"选择"按钮,进入元件库"浏览库"对话框。

3) 在"浏览库"对话框中,单击"发现"按钮,弹出图 3-33 所示"搜索库"对话框。

4) 在图 3-33 中输入搜索条件"＊0801＊",在"范围"选项组中选中"库文件路径"单选按钮,并将搜索路径设置为"C:\Users\Public\Documents\Altium\AD 10\Library"(这是 Altium Designer 10 系统安装时默认的元件库安装路径)。

5) 设置完成后,单击左下端的"查找"按钮,页面返回"浏览库"对话框,自动开始搜索满足设置条件的元件,搜索结果如图 3-34 所示。

6) 在"浏览库"对话框的"元件名称"栏中列出了搜索结果,单击选中该栏"ADC0801LCN"选项,单击"确定"按钮,返回"放置端口"对话框。

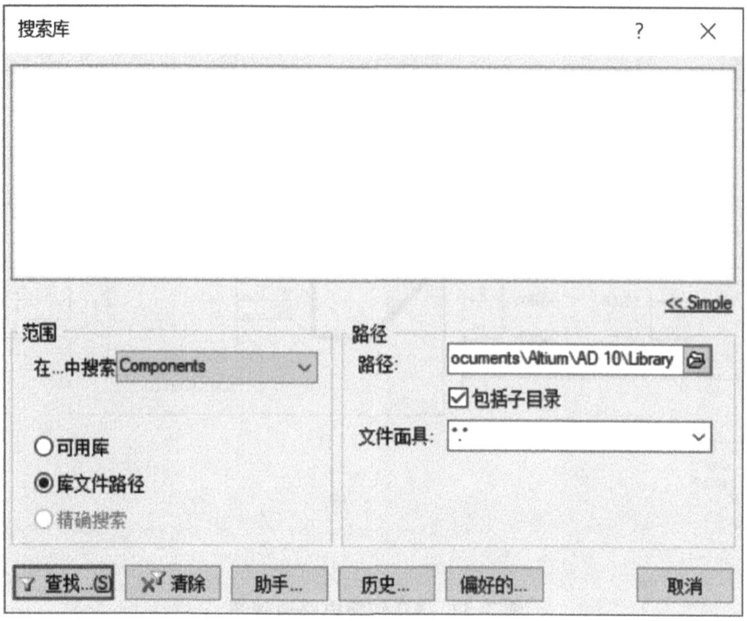

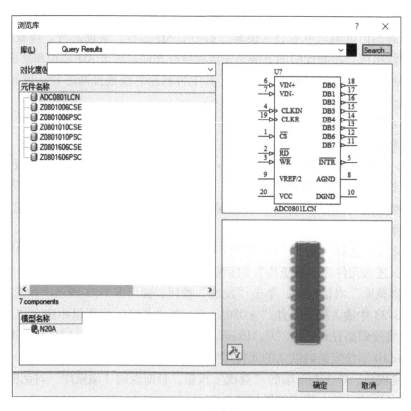

图 3-33 "搜索库"对话框

图 3-34 搜索结果

7）在返回"放置端口"对话框的过程中，由于新元件所在元件库尚未安装在当前系统库中，系统会弹出"Confirm"对话框（见图 3-35），提示表示本元件库目前不可用，是否现在将其安装到系统工作库。

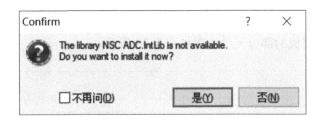

图 3-35　"Confirm"对话框

8）在"Confirm"对话框中单击"是"按钮，返回"放置端口"对话框（见图 3-36），在"标识"文本框中设置元件标识符，将"U?"改成"U1"，然后单击"确定"按钮。如果在"Confirm"对话框中单击"否"按钮，则该搜索失败，无法使用该元件。

放置端口　　　　　　　　　　　　　　？　×

端口详情

物理元件　　ADC0801LCN ▾　史纪录(H)　选择

逻辑符号　　ADC0801LCN

标识(D)　　　U?

注释(C)　　　ADC0801LCN

封装(F)　　　N20A

部件Id(P)　　1

库　　　　　NSC ADC.IntLib

数据库表格

确定　　取消

图 3-36　"放置端口"对话框

9）光标变成十字形，并浮动着元件 ADC0801LCN，移动光标到适当位置，单击鼠标左键放置该 AD 芯片，在工作区单击鼠标右键或者按〈Esc〉键退出放置元件状态。

10）重复步骤 2）～9），找到另外一个芯片 74AC151MTC，它存在于 FSC Logic_Multiplexer.IntLib 元件库中，设置元件标识符为"U2"，然后放置到原理图中。

11）继续选择"放置"→"器件"命令，在弹出的"放置端口"对话框中单击"选择"按钮，进入"浏览库"对话框，在库文件管理面板上的库选择栏中选择"Miscellaneous Connectors.IntLib"选项。

12）在"浏览库"对话框中的"元件名称"选项中向下拉右边的滚动条，找到"D Connector 9"元件，如图 3-37 所示，鼠标左键单击选择后，单击"浏览库"对话框的"确定"按钮，返回"放置端口"对话框，在"标识"文本框中设置元件标识符，将"J?"改成"J1"，然后单击"确定"按钮。移动光标到合适位置，按空格键旋转元件方向，直至到原理图所示的方向，单击鼠标左键放置该连接器，在工作区单击鼠标右键或按〈Esc〉键结束连接器放置状态。完成的部分元件放置如图 3-38 所示。

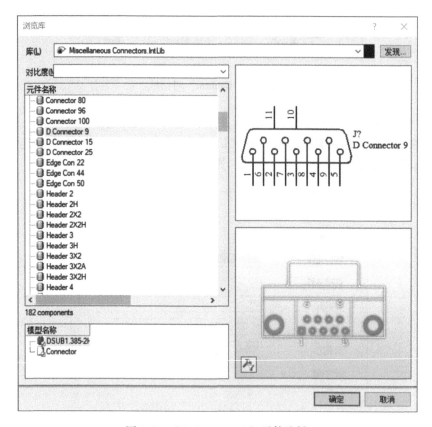

图 3-37　"D Connector 9"元件选择

13）重复步骤 11）和 12）的方法放置其余元件，并设置其参数，元件的标识符和参数见表 3-1。

表 3-1　元件的标识符和参数

标　识　符	封　装　形　式	值
U1	ADC0801LCN	—
U2	74AC151MTC	—
C1	Cap	100pF
R1	Res1	1kΩ
P1、P2	MHDR1X4	—
J1	D Connector 9	—

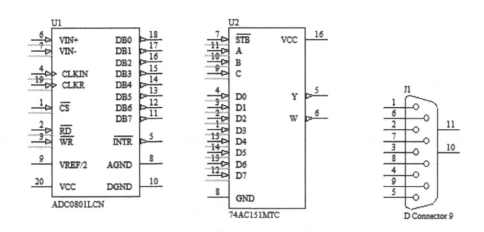

图 3-38　完成的部分元件放置

【元件摆放】

14）放置完所有元件后，需要将元件放置在合理的布置位置，单击选中元件并调整位置，以方便导线连接。方法是先确定 U1 和 U2 的位置，然后再将其他元件按照本节图 3-32 所示位置放置。

15）选择"放置"→"GND 端口"命令，光标变成十字形，并浮动着接地符号，在需要放置接地符号的位置放置接地符号。放置完成后，在工作区单击鼠标右键或键盘的〈Esc〉键退出接地符号放置状态。

16）选择"放置"→"VCC 电源端口"命令，光标变成十字形，并浮动着"电源"符号，在需要放置电源符号的位置放置该符号。放置完成后，在工作区单击鼠标右键或键盘的〈Esc〉键退出电源符号放置状态。

17）选择"放置"→"指示"→"没有 ERC"命令，光标变成十字形，并浮动着"没有 ERC"符号，在元件 U1 的引脚 1 和引脚 9 上放置该符号。放置完成后，在工作区单击鼠标右键或键盘的〈Esc〉键退出"没有 ERC"符号放置状态。此时，所有元件及符号摆放结束，如图 3-39 所示。

【放置总线并连线】

18）利用总线连接的方式来连接 U1 和 U2 之间需要连接的引脚。选择"放置"→"总线"命令，光标变成十字形，将光标移动到 U1 和 U2 之间合适位置并单击，确定总线的起始点，然后拖动鼠标，绘制总线，在需要转弯的位置单击，在总线的终点位置，单击鼠标左键确定总线终点，最后单击鼠标右键，即可在两个芯片之间绘制出一条总线。放置完成后，在工作区单击鼠标右键或按〈Esc〉键退出总线放置状态，如图 3-40 所示。

19）选择"放置"→"总线入口"命令，用"总线入口"将总线和芯片的各个引脚连接起来，操作中，按空格键可以改变总线分支的倾斜方向，放置完成后在工作区单击鼠标右键或按〈Esc〉键退出总线入口放置状态。

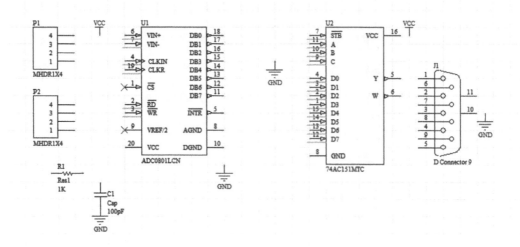

图 3-39　元件布局完成图

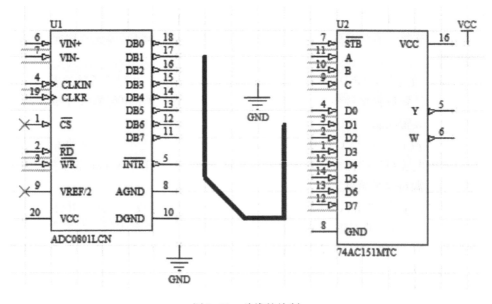

图 3-40　总线的绘制

　　由于总线并没有实际的电气意义，所以在应用总线时要和网络标号相配合。选择"放置"→"网络标号"命令，在芯片的引脚上放置对应的网络标号，确保电气连接的引脚具有相同的网络标号。

　　放置完总线入口和网络标号后的原理图如图 3-41 所示。

　　20）选择"放置"→"线"命令，用导线连接原理图其他需要连接的部分，如图 3-42 所示。线路要清晰，且尽量少交叉。

　　21）选择"文件"→"保存为"命令或按〈Ctrl + S〉快捷键保存文件。

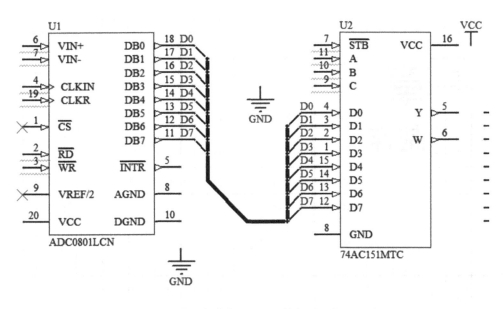

图 3-41　放置完总线入口和网络标号后的原理图

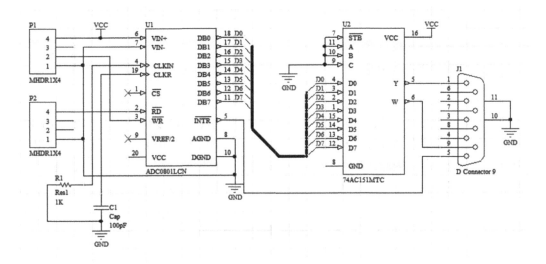

图 3-42　完成导线连接

习　　题

3-1　在 Altium Designer 10 中，绘制原理图最常用的两种工具栏是什么？

3-2　原理图中使用的电气连接方式有哪几种？

3-3　除导线之外，还可以通过哪些绘制工具来建立电气连接？

3-4　忽略 ERC 检查指示符具有什么作用？

第4章
元件库制作

重点内容:
1. 掌握元件库编辑器的使用方法。
2. 熟练运用元件绘图工具制作元件库。

技能目标:
1. 熟练使用元件库编辑器。
2. 运用元件绘图工具制作元件。

目前半导体工艺发展迅速,元件的封装形式也日益增多和不断变化,Altium Designer 10 软件虽然本身集成了多家公司数万个元件的元件库,但在实际工程应用中有时仍无法满足用户的需求和工程的设计条件。因此,常常需要用户自己进行元件库的设计。为此,本软件提供有制作元件和元件库的工具,本章主要讲解如何使用元件库编辑器和运用元件绘图工具制作元件。

4.1 元件库编辑器

元件库编辑器的操作界面与原理图编辑器的操作界面基本相同,区别在于部分工具栏是用于编辑新元件库,界面如图 4-1 所示。

打开元件库编辑器(即新建库文件)的常用方式有以下两种:

1)菜单栏:"文件"→"新建"→"库"→"原理图库"。

2)工具栏:在"Files"对话框(见图 4-2)中,选择"新的"→"Other Document(其他文件)"→"Schematic Library Document(原理图库文件)"。

除工具栏之外,元件库编辑器还包括元件库管理器,默认位置为编辑器界面左边,分别包括"器件(Components)""别名(Aliases)""Pins(引脚清单)""模型(Model)"和其他属性("供应商"和"制造商")五部分:

图 4-1　元件库编辑器界面

1）器件：器件列表框中列出了当前所打开的原理图元件库文件中的所有库元件，包括原理图符号名称及相应的描述等。

2）别名：在别名列表框中可以为同一个库元件的原理图符号设置别名。例如，有些库元件的功能、封装和引脚形式完全相同，但由于厂家不同，其元件型号并不完全一致。对于这样的库元件，没有必要再单独创建一个原理图符号，只需为已经创建的其中一个库元件的原理图符号添加一个或多个别名即可。

3）Pins：在器件列表框中选定一个元件后，本列表框中会列出该元件的所有引脚信息，包括引脚的编号、名称、类型等。

4）模型：在器件列表框中选定一个元件后，本列表框中会列出该元件的其他模型信息，包括 PCB 封装、信号完整性分析模型、VHDL 模型等。这里由于只需要显示库元件的原理图符号，相应的库文件是原理图文件，所以该列表框一般不需要设置。

5）元件其他属性：主要显示元件的供应商、制造商、单价等商品属性。

图 4-2　"Files"对话框

4.2　元件绘图工具

元件绘图工具即元件库编辑器自带的工具栏，包括"原理图库标准""实用""模式"和"导航"四部分，如图 4-3 所示。其中，"原理图库标准"和"导航"工具栏与原理图中工具栏的使用操作相同，此处不再讲解，下面着重讲解"模式"和"实用"两个工具栏。

图 4-3　元件库编辑器工具栏

4.2.1　"模式"工具栏

文件的"模式"工具栏如图 4-4 所示，其各按钮功能见表 4-1。

图 4-4　"模式"工具栏

表 4-1　"模式"工具栏按钮功能

图　标	说　明
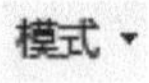 模式 ▾	单击该按钮，可以为当前元件选择一种显示模式，系统默认为"Normal（正常）"
✚	单击该按钮，可以为当前元件添加一种显示模式
━	单击该按钮，可以删除元件的当前显示模式
⬅	单击该按钮，可以切换到前一种显示模式
➡	单击该按钮，可以切换到后一种显示模式

4.2.2　"实用"工具栏

"实用"工具栏如图 4-5 所示，Altium Designer 10 的原理图库编辑工具主要由其提供，分为 IEEE 符号、绘图工具、栅格和模型管理器四大类。

1）IEEE 符号 　：可为新建元件引脚上放置各种标准的电气符号，单击工具栏中的"IEEE 符号"快捷图标，弹出 IEEE 符号工具下拉菜单，其中各按钮功能见表 4-2。

图 4-5　"实用"工具栏

表 4-2　"IEEE 符号"按钮功能

图　标	说　明	图　标	说　明
○	用于放置点状符号	⇮	用于放置集电极开路正偏符号
←	用于放置左向信号流符号	◇	用于放置发射极开路符号
▷	用于放置时钟符号	♦	用于放置发射极开路正偏符号
⊣	用于放置低电平输入有效符号	#	用于放置数字信号输入符号
◠	用于放置模拟信号输入符号	▷	用于放置反相器符号
☀	用于放置无逻辑连接符号	⊃	用于放置或门符号
⌐	用于放置延迟输出符号	◁▷	用于放置输入、输出符号
⌂	用于放置集电极开路符号	◻	用于放置与门符号
▽	用于放置高阻符号	⊅	用于放置异或门符号
▷	用于放置大电流输出符号	←	用于放置左移符号
⊓	用于放置脉冲符号	≤	用于放置小于或等于符号
⊢⊣	用于放置延迟符号	Σ	用于放置求和符号
]	用于放置分组线符号	⊓	用于放置施密特触发输入符号
}	用于放置二进制分组线符号	→	用于放置右移符号
⊦	用于放置低电平有效输出符号	◇	用于放置开路输出符号
π	用于放置 π 符号	▷	用于放置右向信号传输符号
≥	用于放置大于或等于符号	◁▷	用于放置双向信号传输符号

2）绘图工具 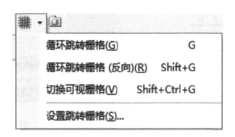：主要是调出各种绘图功能，由于绘制的图形在电路原理图中只起到说明和修饰的作用，不具有任何电气意义。

3）栅格 ▦：可以显示和设置栅格，因此系统在做电气检查（ERC）及转换成网络表时，它们不会产生任何影响，如图 4-6 所示。

图 4-6　栅格选项

4）模型管理器 ▤：可用于显示模型列表和详情，如图 4-7 所示。

图 4-7　模型管理器

4.3　手工制作元件

本节将利用 Altium Designer 10 软件提供的工具制作一个元件，待制作的元件芯片命名为 "ADCS7476AIMF"，如图 4-8 所示。

首先，启动 Altium Designer 10 软件，选择 "文件"→"新建"→"库"→"原理图库" 命令，新建原理图库文件，进入原理图元件库编辑器，如图 4-9 所示。

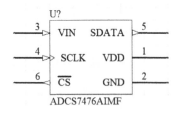

图 4-8　ADCS7476AIMF 元件

图 4-9　原理图元件库编辑器

选择 "工具"→"新器件" 命令，在弹出的新对话框中输入新元件名 "ADCS7476AIMF"，如图 4-10 所示，单击 "确定" 按钮后完成元件名更改。

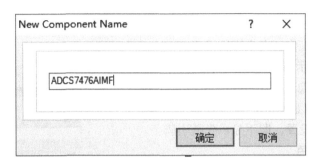

图 4-10　新元件命名

4.3.1　设置工作区参数和文档属性

选择"工具"→"文档选项"命令，或右键单击工作区并在弹出的菜单中选择"选项"→"文档选项"命令，弹出图 4-11 所示"库编辑器工作台"对话框。

图 4-11　"库编辑器工作台"对话框

该对话框主要可进行工作区大小、引脚的显示与隐藏、边界和工作台颜色、栅格和单位等的设置。

1. 设置工作区大小

系统默认工作区（习惯尺寸）的长度和宽度均为 2000，默认单位为 mil，设计人员可以根据自己的需要修改大小，具体操作步骤如下：

【实例 4-1】设置工作区大小

1）在"习惯尺寸"选项组中选中"使用习惯尺寸"复选框。

2）在 X、Y 文本框中输入 X 方向和 Y 方向的长度，单击"确定"按钮，完成工作区大小的设置。

如果在"习惯尺寸"选项组中不选中"使用习惯尺寸"复选框，则工作区大小可以在

"选项"选项组的"大小"下拉列表中选择，设定值为 Altium Designer 10 提供的标准图纸尺寸，此处使用系统的默认工作区大小进行设置。

2. 设置引脚的显示与隐藏

系统默认不显示隐藏的引脚，选中"显示隐藏 Pin"复选框，可以显示元件所有隐藏的引脚。此处使用系统的默认设置，即不显示隐藏引脚。

3. 设置工作区颜色

此处主要用来设置工作区边界和图纸工作区（对话框中称为工作台）的颜色。

【实例4-2】设置工作区颜色

1）在"颜色"选项组中单击"边界"选项，系统弹出"选择颜色"对话框，系统提供了"基本的""标准的"和"定制的"三种颜色设置方案，用户可以自定义图纸边界的颜色，如图4-12 ~ 图4-14 所示。

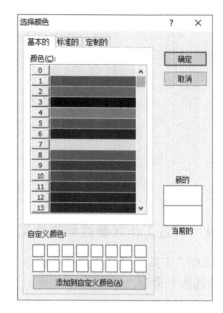

图 4-12 "基本的"颜色设置对话框

2）在"颜色"选项组中单击"工作台"选项，系统弹出与图4-12 ~ 图4-14 所示一样的"选择颜色"对话框，可以根据需要自定义图纸工作区的颜色。

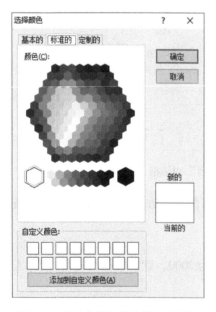

图 4-13 "标准的"颜色设置对话框

图 4-14 "定制的"颜色设置对话框

此处均使用系统的默认颜色设置。

4. 设置栅格

"捕捉"复选框用于在放置引脚或图形时进行对象捕捉，"可见的"复选框用于在工作区中显示网格。系统默认对象捕捉和网格大小均为10，单位为 Protel 的默认单位，设计人员可以根据自己的需求设置。

【实例 4-3】设置栅格

1）在"栅格"选项组中选中"捕捉"和"可见的"复选框。

2）在对应的文本框中输入对象捕捉的大小和网格显示的大小。

此处使用系统的默认栅格设置。

5. 设置单位

在"单位"选项卡中可选择使用英制单位系统或公制单位（又称米制单位）系统，其界面如图 4-15 所示，具体设置如下。

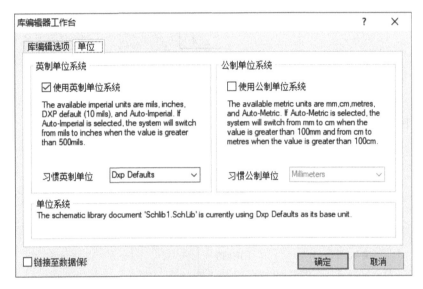

图 4-15 "单位"选项卡

【实例 4-4】设置单位

1）选中"使用英制单位系统"复选框，工作区则采用英制单位系统。可用的英制单位有 mils、inches、DXP default（10mils）和 Auto-Imperial，其中本系统默认为10mils。

2）选中"使用公制单位系统"复选框，工作区则用公制单位系统。可用的公制单位有 millimeters、centimeters、meters、Auto-Metric，设计人员可以从"习惯公制单位"下拉列表中选择。

此处使用系统的默认单位（英制单位）设置。

4.3.2　绘制元件外形和引脚

在新建文件、重命名元件和设置参数之后，紧接着是绘制元件外形和引脚。

【实例 4-5】绘制元件的外形和引脚

1）确定原点，选择菜单栏中的"编辑"→"跳转"→"原点"命令，使图纸和光标自动调整至中心位置，并使光标指向图纸的原点。Altium Designer 10 的元件都是以该原点为参考创建的，所有的引脚都在该点附近放置。

2）选择菜单栏中的"放置"→"矩形"命令，光标变成带有一个矩形的十字形。在适当位置单击确定矩形的左上角，移动光标并确定右下角，完成矩形的放置，并调整矩形位置和大小，如图 4-16 所示，一般以两轴对称放置，网格间距大小为 10（默认）。

3）添加引脚。选择菜单栏中的"放置"→"引脚"命令，光标处于放置引脚状态，依次放置 6 个引脚，如图 4-17 所示。如果放置引脚前第一个引脚编号不为 1，可以按〈Tab〉键，弹出图 4-18 所示的"Pin 特性"对话框，将其中的"显示名字"和"标识"均设置为 1。但连续放置其他引脚时，"显示名字"和"标识"均会自动递增，放置引脚前按〈X〉键可水平翻转引脚。

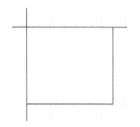

图 4-16　绘制矩形效果图　　　　图 4-17　添加引脚后的图形

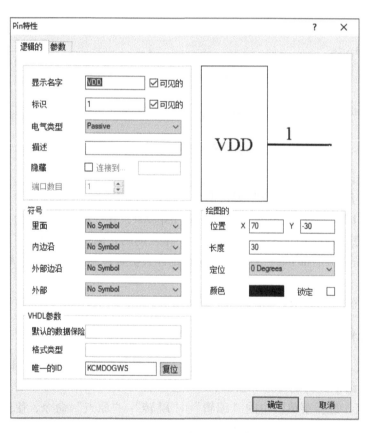

图 4-18　"Pin 特性"对话框

4）编辑引脚属性。双击需要编辑的引脚，在弹出的"Pin 特性"对话框中对引脚属性进行修改，具体修改内容见表 4-3，未列出的选项均保持默认设置。

表 4-3 引脚属性修改

标 识 符	显 示 名 称	电 气 类 型
1	VDD	Power
2	GND	Power
3	VIN	Input
4	SCLK	Input
5	SDATA	Output
6	CS	Input

其中，电气类型选项用于设置引脚的电气属性，此属性在进行电气规则检查时将起作用，如 Output 类型的引脚不能直接接电源端，否则会提示错误。第 6 引脚显示名称上面的取反号（电路中表示该引脚低电平有效）可以通过加反斜杠"\"来实现，即在"Pin 特性"对话框的"显示名字"文本框中输入"C\S\"，则引脚显示$\overline{\text{CS}}$。设置完成后的效果如图 4-19 所示。

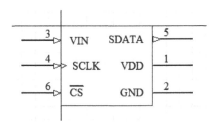

图 4-19 修改引脚属性后的图形

4.3.3 设置元件属性

单有原理图库文件还不能完整描述元件的特性，每一个元件都有默认标识和 PCB 封装等属性。选择菜单栏中"工具"→"器件属性"命令，即可弹出图 4-20 所示"Library Component Properties"对话框，下面分别对各项参数进行设置。

【实例 4-6】设置元件属性

1）在"Default Designator"文本框中输入默认元件标识，这里输入"U?"。设置完成后，在原理图放置该元件时，元件标识号就会自动递增，如 U1、U2 等。

2）在"Default Comment"文本框中输入默认的元件注释，这里输入"ADCS7476AIMF"。设置完成后，在原理图中放置该元件时，在元件符号附近会显示元件注释"ADCS7476AIMF"。

3）添加 PCB 封装。在"Library Component Properties"对话框右下角的"Models"选项组中单击"Add"按钮，弹出"添加新模型"对话框，如图 4-21 所示。

4）在该对话框的下拉列表中选择"Footprint"选项，单击"确定"按钮，弹出"PCB

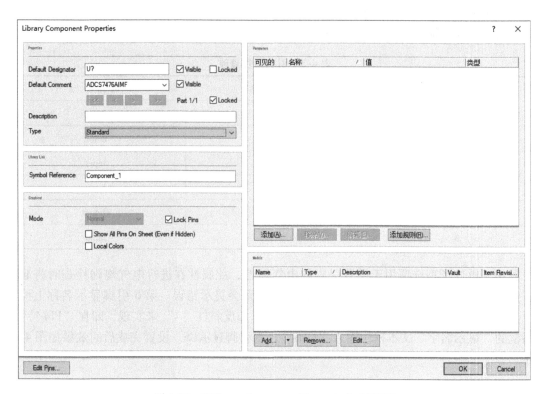

图 4-20 "Library Component Properties" 对话框

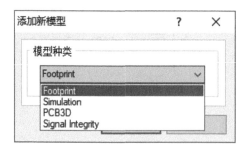

图 4-21 "添加新模型" 对话框

模型"对话框，如图 4-22 所示。

5）单击"浏览"按钮，弹出"浏览库"对话框，如图 4-23 所示。为了方便，可直接使用"发现"功能。单击"查找"按钮，进入"搜索库"对话框，查找元件封装，如图 4-24 所示。

6）由于 ADCS7476AIMF 芯片是 6 引脚 DIP 封装，在搜索库的文本框中输入"SOT-23"，其他设置如图 4-25 所示，再选择"库文件路径"开始搜索。从搜索结果中选择一个，然后单击"确定"按钮返回"PCB 模型"对话框。

7）继续单击"确定"按钮返回"Library Component Properties"对话框，完成 PCB 封装的添加。

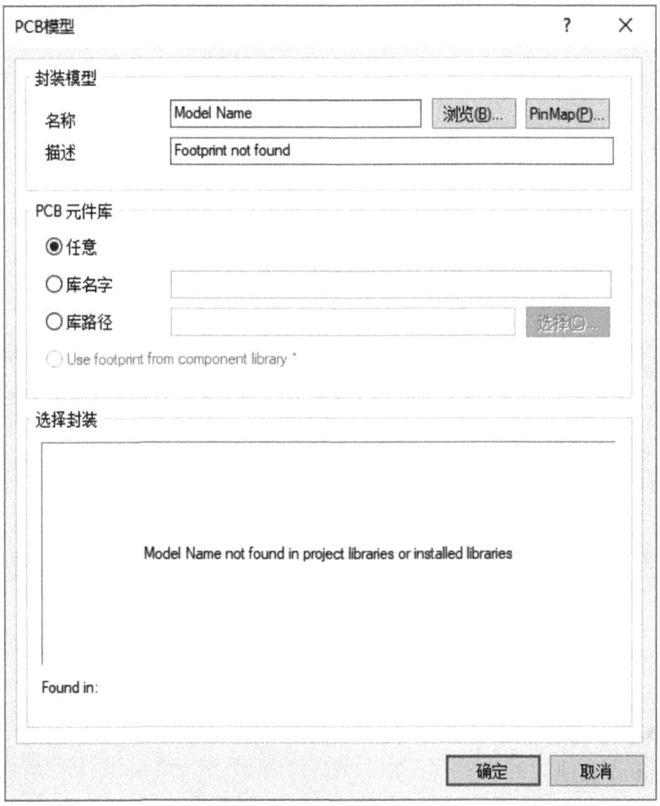

图 4-22　“PCB 模型”对话框

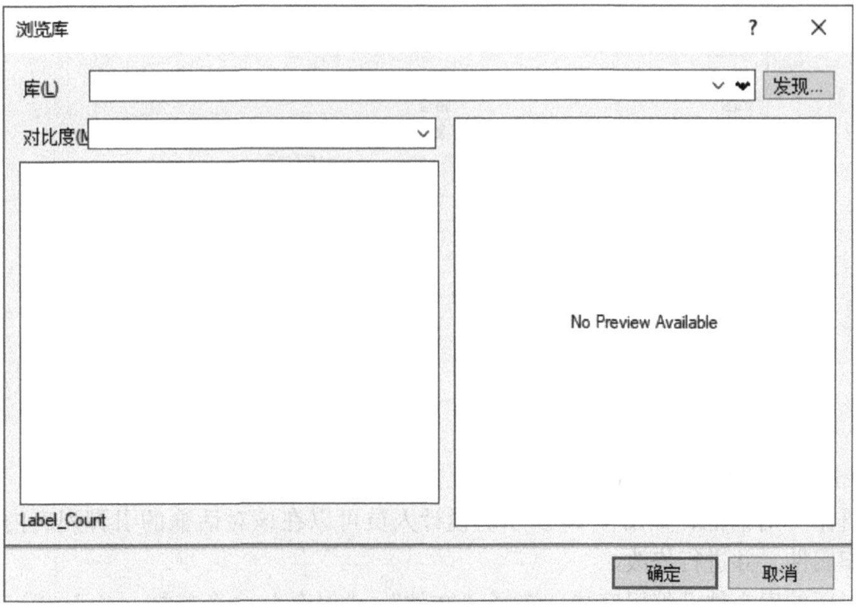

图 4-23　“浏览库”对话框

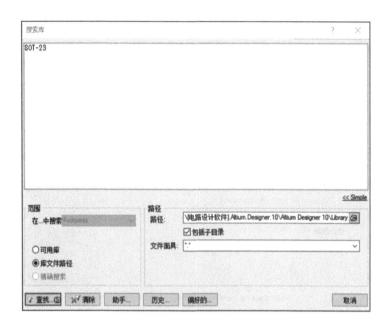

图 4-24 "搜索库"对话框

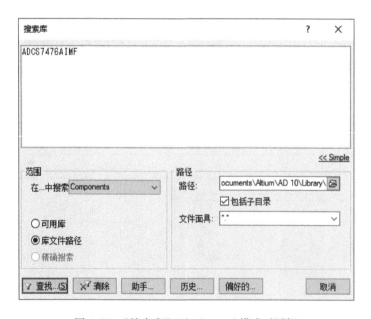

图 4-25 "搜索库"下 Advanced 模式对话框

8) 单击"Library Component Properties"对话框左下角的"Edit Pins"按钮, 弹出"元件管脚编辑器"对话框, 如图 4-26 所示。设计人员可以在该对话框的引脚列表内查看当前元件的引脚属性, 并进行修改。

至此, 新的库文件已编辑完成, 选择"文件"→"保存"命令或按〈Ctrl + S〉快捷键保存文件。

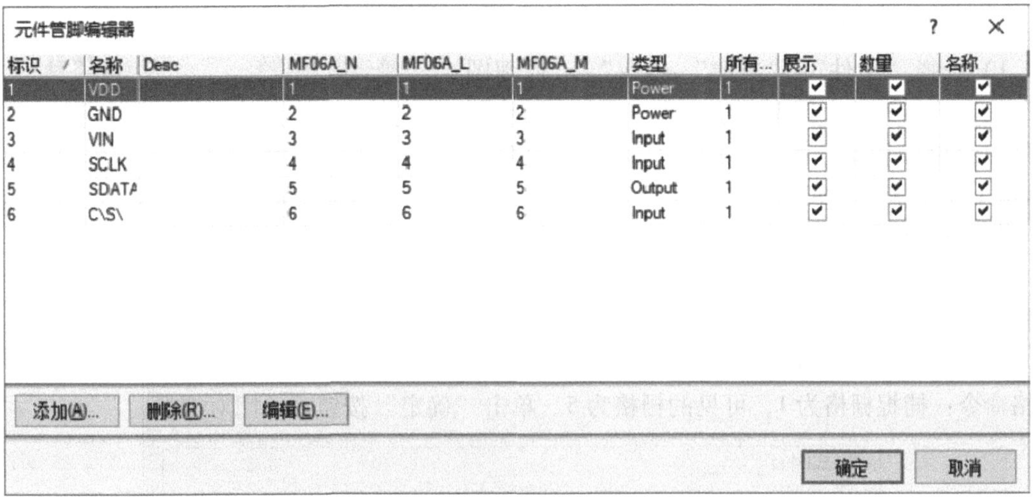

标识	名称	Desc	MF06A_N	MF06A_L	MF06A_M	类型	所有...	展示	数量	名称
1	VDD		1	1	1	Power	1	☑	☑	☑
2	GND		2	2	2	Power	1	☑	☑	☑
3	VIN		3	3	3	Input	1	☑	☑	☑
4	SCLK		4	4	4	Input	1	☑	☑	☑
5	SDATA		5	5	5	Output	1	☑	☑	☑
6	C\S\		6	6	6	Input	1	☑	☑	☑

图 4-26 "元件管脚编辑器"对话框

4.4 综合实例——绘制八段 LED 数码管

LED 数码管由多个发光二极管（VL）封装在一起组成"8"字形的器件，引线已在内部连接完成，只需引出它们的各个笔画电极和公共电极。八段 LED 数码管实际上是由 7 个组成"8"字形的 VL 和 1 个小数点组成的。数码管分为共阳极型和共阴极型，共阳极型就是 VL 的正极都连在一起，作为一条引线，负极分开。这些段分别用字母 A、B、C、D、E、F、G、DP 来表示，实际硬件中各引脚定义如图 4-27 所示。八段 LED 数码管元件封装如图 4-28 所示。

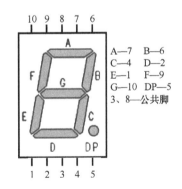

图 4-27 八段 LED 数码管引脚定义

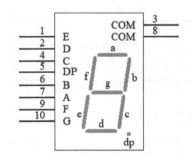

图 4-28 八段 LED 数码管元件封装

设计思路：

首选，创建新的原理图库，并选好存储位置进行文件保存；其次，对本元件的封装进行初步分析，该封装主要由直线和 10 个引脚组成，绘制此图的方法是先放置封装外框，然后绘制"8"字形符号和小数点，最后放置个元件引脚，并按照相应的引脚标识修改属性参数，完成该元件封装的绘制。

具体操作步骤如下：

【新建原理图并保存】

1）选择"文件"→"新建"→"库"→"原理图库"命令，新建一个原理图库文件，进入到原理图元件库编辑环境中。将新建的元件库文件保存为"八段 LED 数码管 . SCHLIB"，如图 4-29 所示。

【图纸设置】

2）在绘制元件之前，需要先设置图纸环境，选择"工具"→"文档选项"命令，打开"库编辑器工作台"对话框，如图 4-30 所示。设置图纸的

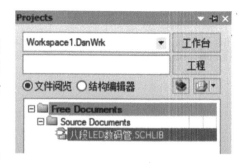

图 4-29　新建的元件库

栅格命令：捕捉栅格为 1，可见的栅格为 5。单击"确定"按钮，关闭对话框。

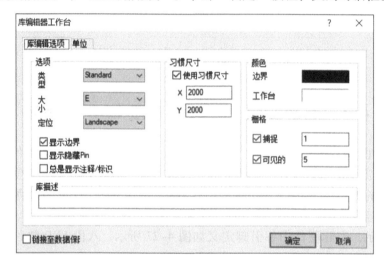

图 4-30　"库编辑器工作台"对话框

【新建元件并命名】

3）新建元件：在元件绘制工具栏中选择"工具"→"新器件"选项，或者利用"实用"工具栏中的快捷菜单，单击"绘图工具"→"产生器件"图标（见图 4-31）。以上两种操作都会产生图 4-32 所示"New Component Name"对话框。

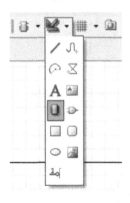

图 4-31　"实用"工具新建器件

图 4-32　"New Component Name"对话框

4）在打开的"New Component Name"对话框中输入元件名称"LED"，然后单击"确定"按钮，关闭对话框，进入新原理图的编辑界面。

【绘制 LED 元件并保存】

5）首先绘制八段 LED 数码管的原理图外形，在菜单栏中选择"放置"→"矩形"命令，或者利用"实用"工具栏中的快捷菜单，单击"绘图工具"→"放置矩形"图标（见图 4-33）。上述操作后，光标变成十字形，并带一个矩形，在原点位置单击鼠标左键确定矩形的左上角，移动光标并确定右下角，单击鼠标左键完成矩形的放置，然后按〈Esc〉键或单击鼠标右键退出"放置矩形"命令。根据实际要求调整矩形位置和大小，最后形成的八段 LED 数码管的原理图外形，如图 4-34 所示。

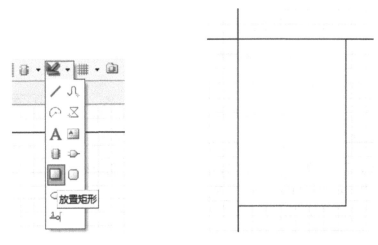

图 4-33　"实用"工具放置矩形　　　　图 4-34　八段 LED 数码管的原理图外形

6）在原理图符号中，可以利用直线绘制 VL 的图形，在菜单中选择"放置"→"线"命令，或者利用"实用"工具栏中的快捷菜单，单击"绘图工具"→"放置线"图标（见图 4-35）。上述操作后，光标变成十字形，在适当位置单击鼠标左键确定直线的左顶点，移动光标并确定右顶点，单击鼠标左键完成矩形的放置，然后按〈Esc〉键或单击鼠标右键，退出"放置矩形"命令。先绘制出"8"字形最上面的一条线，如图 4-36 所示。

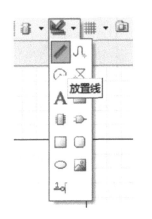
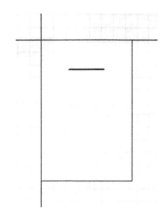

图 4-35　"实用"工具放置线　　　　图 4-36　绘制一条横线

7）单击选中直线，如图 4-37 所示，然后双击鼠标左键，弹出"PolyLine"对话框（见图 4-38），在本对话框中设定线宽为"medium"。单击该对话框中颜色内容，弹出"选择颜色"对话框（见图 4-39），在该对话框中选择第 4 种颜色，单击"确定"按钮，关闭对话框，继续单击"PolyLine"对话框中的"确定"按钮，关闭对话框，此时直线设定为橙色。

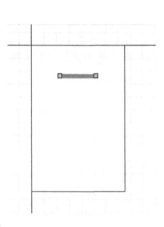

图 4-37　选中直线

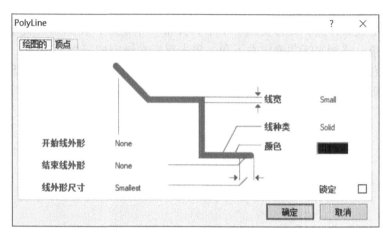

图 4-38　"PolyLine"对话框

8）与步骤 6）和 7）类似，利用放置直线命令继续绘制斜线，并设定线条的颜色为橙色，绘制出两条有一定倾斜角度的直线，如图 4-40 所示。

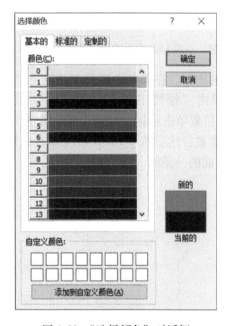

图 4-39　"选择颜色"对话框

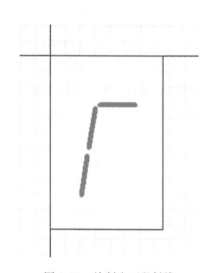

图 4-40　绘制出两段斜线

9）继续在步骤 8）基础上，操作与步骤 6）和 7）类似，绘制出"8"字形，如图 4-41 所示。

10）添加小数点：在菜单中选择"放置"→"矩形"命令，或者利用"实用"工具栏中的快捷菜单，单击"绘图工具"→"放置矩形"图标，本步操作与步骤 5）部分相同。在"8"字形的右下角添加一个小矩形（小数点），将小矩形的填充色设置为橙色，如图 4-42 所示。

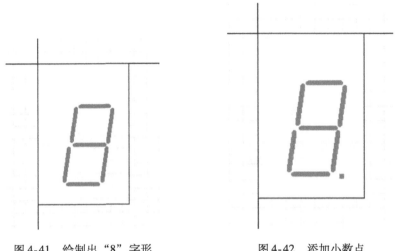

图 4-41　绘制出"8"字形　　　　　　图 4-42　添加小数点

11）选择"放置"→"文本字符串"命令，在每段 VL 附近放置一个文本字符串，用于注明段名称，如图 4-43 所示。

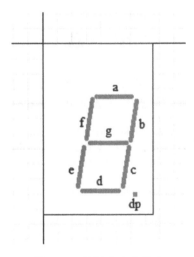

图 4-43　放置文本字符串

12）添加引脚。选择"放置"→"引脚"命令，光标处于放置引脚状态，放置引脚时，如第一个引脚编号不为 1，可以按〈Tab〉键，弹出"Pin 特性"对话框，将其中的"显示名字"设置为"E"、"标识"设置为 1，且后边的"可见的"复选框均被选中，如图 4-44 所示。在放置引脚前按空格键，可 90°旋转引脚。

13）类似步骤 12），完成其余 10 个引脚的放置，同样按照图 4-27 所示进行属性编辑，完成八段 LED 数码管的绘制，如图 4-45 所示。

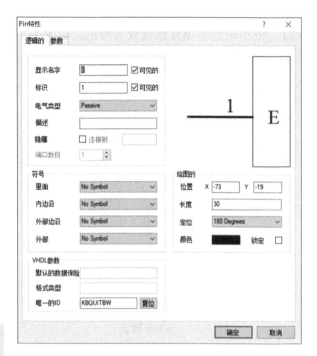

图 4-44 "Pin 特性"对话框

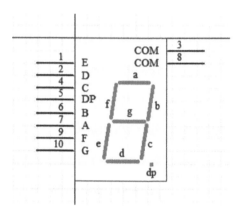

图 4-45 完成的八段 LED 数码管的绘制图

14）文件保存：选择"文件"→"保存"命令或按〈Ctrl + S〉快捷键保存文件。

习　题

4-1　新建一个元件库，并放置"实用"工具栏中的所有命令符号。

4-2　新建一个元件库，放置"模式"工具栏中的所有命令符号。

4-3　画出几种不同外形的元件。

4-4　进行不同工作区大小的设置，并对工作区面板的颜色进行设置。

第5章
层次原理图设计

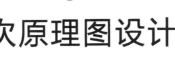

重点内容:
1. 掌握绘制一般层次原理图、理解层次原理图的设计思路。
2. 熟练运用各种图纸符号。

技能目标:
1. 运用工具栏对层次原理图进行分析设计。
2. 对层次原理图的端口进行摆放、调整和参数设置。

随着电子产品功能的不断增强,电路设计的规模越来越庞大,逻辑结构也非常复杂。原理图所包含的对象数量繁多,如果在一张原理图中全部画出来,一方面图纸尺寸会变得非常大;另一方面,整个电路的结构层次会显得杂乱无章,不易于浏览。因此,难以将整张原理图绘制在有限范围的图纸上,甚至无法由个人独立完成原理图的绘制工作。针对复杂电路系统的设计,Altium Designer 10 提供了一种层次原理图设计模式,即在实际设计过程中,设计者将电路图按功能或位置分成不同模块,电路由相对简单的几个模块组成,在不同模块中再进行相关电路图的绘制,即整张原理图可分成若干子原理图,子原理图若仍复杂仍可以再细分。本章主要介绍层次原理图的设计和层次原理图之间的切换。

5.1 层次原理图的设计方法

前面学习了绘制原理图、自制元件库的知识和操作方法,本节将学习超大原理图的绘制方法。层次原理图的设计方法是把整个电路项目分成若干个子原理图来描述,多个子原理图能联合起来共同描述一个原理图,总原理图以顶层原理图形式表现整个电路原理图的结构。层次原理图可以采用自上而下或自下而上的设计方法来完成:

1)自上而下的设计方法,即由电路方块图产生原理图。简而言之,先设计母图结构,进而在每个子图中绘制原理图。

2）自下而上的设计方法，即由原理图产生电路方块图。简而言之，先设计子原理图，进而产生方块图到母图中，与其他方块图连成整体。

5.1.1 自上而下设计层次原理图

采用自上而下的设计方法，首先要绘制顶层原理图，再根据顶层原理图的结构，将整个电路分解成不同功能的子模块，然后分别绘制各个方块图对应的子模块的原理图，这样层层绘制下去，完成整个层次原理图的设计，其流程如图5-1所示。

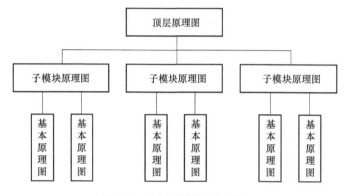

图5-1 自上而下设计流程图

5.1.2 自下而上设计层次原理图

采用自下而上的设计方法，首先要设计子原理图，进而设计方块图，形成上层原理图。这样的设计思路，往往在对模块的应用背景或具体端口不明的情况下采用，其设计流程如图5-2所示。

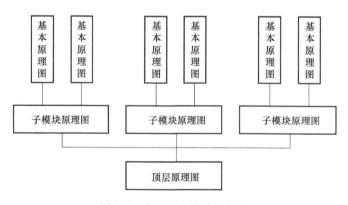

图5-2 自下而上设计流程图

5.2 层次原理图设计的常用工具

在层次原理图中，信号的传递主要依靠图表符、图纸入口和端口来实现。

5.2.1 图表符

在层次原理图中，图表符是自上而下设计方法中首先要用到的单元，用一张带有若干 I/O 端口的图表符可以代表一张完整的电路图。在层次原理图设计中，用图表符代替子原理图，也可将图表符看成原理图的封装，其放置步骤如下：

【实例 5-1】放置图表符

1）选择"放置"→"图表符"命令或在"布线"工具栏中单击"放置图表符"快捷图标。

2）执行命令后，光标将变成十字形，将光标移至欲确定图表符的左上角位置，在起点位置单击鼠标左键后，移动光标至欲确定图表符的右下角位置再单击鼠标左键，完成图表符的放置，如图 5-3 所示。可按〈Esc〉键或在工作区中单击鼠标右键退出图表符放置状态。

如果需要修改放置的图表符的特性参数，可以通过双击图表符（或右键单击图表符，在弹出的菜

图 5-3 图表符的位置

单中选择"Properties"命令）打开"方块符号"对话框，如图 5-4 所示，在"属性"选项组中可以设置一些参数："标识"文本框用于设置图表符的名称，只是一个符号，没有电气特性；"文件名"文本框用于设置图表符所代表的子原理图的文件名，是图表符中唯一具有电气特性的参数，且设置"唯一 ID"作为标识。"位置"代表图表符左上顶点的

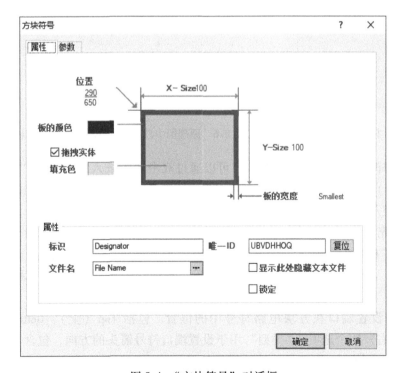

图 5-4 "方块符号"对话框

坐标位置，单位为 mil；"板的颜色"表示图表符的边框颜色；"填充色"表示图表符方框中间的颜色；"板的宽度"表示设定方块符号（图表符边框）的线宽，可选择 Smallest（最细）、Small（细）、Medium（中）和 Large（大），其中，系统默认为 Smallest；可以选择是否显示此处隐藏文本文件；可以锁定图表符的位置。

5.2.2 图纸入口

图纸入口用在顶层原理图的图表符里，可以体现图表符对外呈现出来的特性。在层次原理图设计中，如果将图表符看成是一个元件封装，那么图纸入口相当于元件的引脚。

【实例 5-2】放置图纸入口

1）选择"放置"→"添加图纸入口"命令或在"布线"工具栏中单击"放置图纸入口"快捷图标。

2）执行命令后，光标将变成十字形，并带一个图表符入口符号，将光标移至图表符内，则方块入口自动定位在图表符的边界上，移动光标，图纸入口会沿着图表符边界移动，在合适位置单击后，完成方块入口放置，如图 5-5 所示。

放置图纸入口的前提是原理图中已存在图表符，否则，该命令执行后图纸入口显示为灰色，单击鼠标左键无任何反应，单击鼠标右键退出放置操作，如图 5-6 所示。

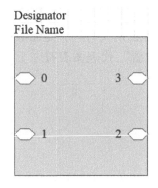

图 5-5　方块入口的放置　　　　图 5-6　原理图中没有图表符状态下放置"图纸入口"

如果需要修改放置的图表符的参数，可以通过双击"图纸入口"进入"方块入口"对话框（见图 5-7），与图表符类似，同样可以设定填充色、文本颜色、文本字体、文本类型、边、类型、种类及属性等。

单击"填充色"后的颜色块，可以显示图 5-8 所示"选择颜色"对话框，可以通过"基本的""标准的"和"定制的"三种模式设定颜色。"文本颜色"操作与"填充色"操作类似。单击"文本字体"后的"改变"按钮，弹出"字体"对话框，如图 5-9 所示。

"边"用于设置端口在方块电路符号中的位置，包括 Top（上）、Bottom（下）、Left（左）、Right（右）四个选项，"类型"用于设置端口符号箭头的方向，包含 8 个选择模式，如图 5-10 所示；"种类"用于设置端口符号的形状，分为 7 类，"种类"的可选择模式如图 5-11 所示；具体图纸入口的显示形式可以根据实际工程需要进行设定。

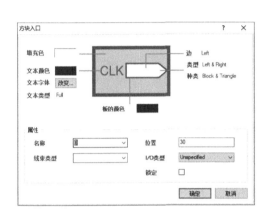

图 5-7　"方块入口"对话框

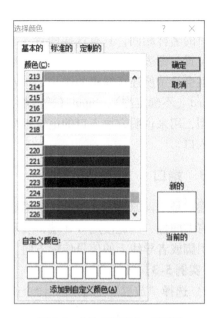

图 5-8　"选择颜色"对话框

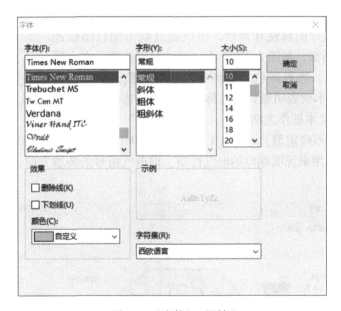

图 5-9　"字体"对话框

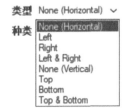

图 5-10　"类型"的可选模式

图 5-11　种类的可选模式

属性选项组中，"名称"文本框表明图纸入口的名称，此名称必须与其代表的子原理图中端口的名称相同，只有这样两者才能建立电气连接关系。"位置"文本框表明方块入口的放置位置与图表符左上顶点的距离，单位为 mil；"线束类型"是指当图纸入口连接信号线束时就会显示所连接线束的类型；"I/O 类型"用于设置端口的输入和输出类型，包含 Unspecified（不确定型）、Input（输入型）、Output（输出型）和 Bidirectional（双向型）四种端口类型，用来说明方块入口的电气性质，即电气信号的传输方向；"锁定"复选框用来锁定图纸入口。

5.2.3　端口

端口是不同原理图之间的连接通道，实现了原理图的纵向连接。需要注意的是，I/O 端口具有方向性，因此使用 I/O 端口表示元件引脚或者导线之间的电气连接关系时，同时也会指定引脚或者导线上的信号传输方向。

【**实例 5-3**】放置端口

1）选择"放置"→"端口"命令或在"布线"工具栏中单击"放置端口"快捷图标。

2）执行命令后，光标将变成十字形，并带一个端口符号，在合适位置单击，确定端口的左侧端点，完成端口放置，如图 5-12所示。

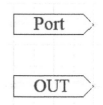

如果需要修改端口的属性和参数，可以通过双击端口图标进入"端口属性"对话框，如图 5-13 所示，可以设定队列、文本颜色、宽度、填充颜色、边界颜色、类型和位置等参数。在属性选项组中，"名称"文本框表明端口的名称，具有电气连接特性，并且指定"唯一 ID"文本框作为端口表示；"I/O 类型"下拉列表框

图 5-12　端口的放置

提供了 Unspecified（不确定型）、Input（输入型）、Output（输出型）和 Bidirectional（双向型）四种端口类型，用来说明端口的电气性质，即电气信号的传输方向；"锁定"复选框用来锁定该端口。

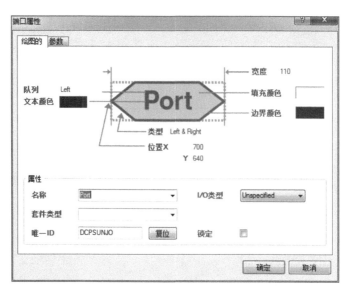

图 5-13　"端口属性"对话框

5.3　不同层次原理图之间的切换

当进行较大规模的原理图设计时，层次原理图结构比较复杂，由多个子原理图和母原理图构成。当同时读入或编辑的具有层次关系的原理图张数较多时，经常需要在不同层次原理图之间来回切换，Altium Designer 10 也提供有这种功能，下面对其进行讲解。

5.3.1　项目管理器切换原理图

在比较简单的项目中，原理图较少，层次较少，易于管理。设计好的层次原理图，从左侧的项目管理器中可以看到层次原理图的结构，单击母图前面的"+"号，展开树状结构，在树状结构中单击欲打开的原理图文件图标，即可切换到相应的原理图，如图 5-14 所示。

图 5-14　用项目管理器切换层次原理图

5.3.2　菜单命令切换原理图

除了用项目管理器切换原理图之外，还有两种主要的菜单命令切换方法：

1）选择"工具"→"上/下层次"命令。

2）单击"原理图标准"工具栏中的"上/下层次"快捷图标。

执行该命令后，光标将变成十字形，若是由总原理图切换到子图，应将光标移动到子图输入/输出端口上，双击鼠标左键即可；若是由子图切换到总原理图，应将光标移动到与总图连接的一个电路端口，双击鼠标左键即可。

5.4　生成层次表

层次表记录了一个由多张绘图页组成的层次原理图的层次结构数据，其输出的结构为 ASCII 文件，文件的扩展名为 .rep。

【实例 5-4】生成层次表

1）打开已经绘制的两级放大层次原理图。

2）选择"工程"→"Compile Document 总图 . SchDoc（编译 PCB 项目）"命令。

3）选择"报告"→"Report Project Hierarchy（生成层次表报告）"命令，系统将会产生该原理图的层次关系，位置在工程文件中的"Generated"→"Text Documents"文件目录下，名称为"总图 . REP"，如图 5-15 所示。

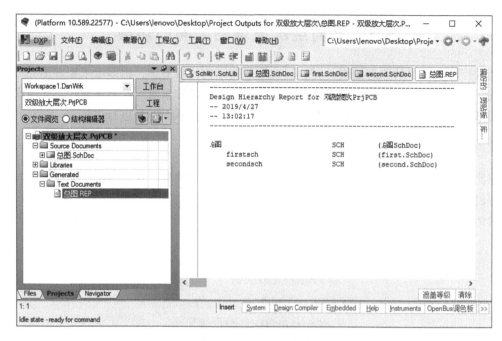

图 5-15　原理图层次表

5.5　综合实例——整流稳压电路

本节操作案例采用整流稳压电路，顶层原理图如图 5-16 所示。其按照功能可以分成整流和稳压两部分，即整个顶层原理图可以分成两个子原理图，如图 5-17 和图 5-18 所示。

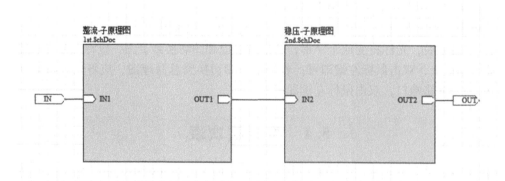

图 5-16　整流稳压顶层原理图

设计思路：

首选，创建一个 PCB 工程，并在工程下创建三张新的原理图，并选好存储位置对工程和原理图文件命名并保存；其次，对三张原理图中的元件进行分析统计，该顶层原理图由 2个图表符、2 个端口和 4 个图纸入口组成；整流子原理图主要由 2 个端口、1 个可变变压器、

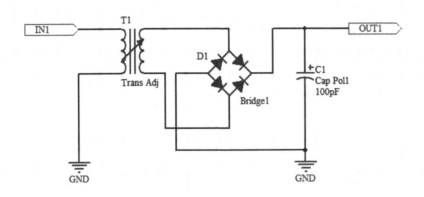

图 5-17　整流子原理图（1st. SchDoc）

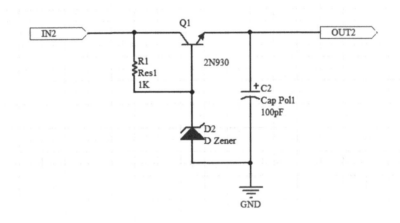

图 5-18　稳压子原理图（2nd. SchDoc）

1 个电桥、1 个极性电容和 2 个 GND 端口组成；稳压子原理图主要由 2 个端口、1 个电阻、1 个晶体管、1 个稳压二极管、1 个极性电容和 1 个 GND 端口组成。最后，先放置好所有元件，确定各芯片的位置后进行元件布局，然后用导线将其连接起来，完成全图。

本实例的具体操作步骤如下：

【新建工程、原理图并保存】

1）新建工程：选择"文件"→"新的"→"工程"→"PCB 工程"命令，创建一个 PCB 项目文档。选择"文件"→"保存工程"命令，在弹出的对话框中选择好位置，将文件名称更改为"整流稳压电路"，单击"保存"按钮进行保存。

2）新建原理：选择"文件"→"新建"→"原理图"命令，选择"文件"→"保存为"命令，在弹出的对话框中选择好位置，将文件名称更改为"整流稳压-顶层原理图"，单击"保存"按钮进行保存。

【设计层次原理图】

3）开始自上而下建立层次原理图。右键单击工作区，在弹出的快捷菜单中选择"放置"→"图表符"命令,在适当位置单击鼠标左键,确定方块图符号的左上端点位置,移动光标,适当调整图表符大小,单击鼠标左键确定方块图的终点,确认图表符的位置,按〈Esc〉键或单击鼠标右键退出放置图表符命令。

4)按上述方法再放置一个图表符,双击已放置图表符,弹出"方块符号"对话框。

5)将两个图表符的标识分别设置成"整流-子原理图"和"稳压-子原理图",文件名分别为 1st. SchDoc 和 2nd. SchDoc,设置后如图 5-19 所示。

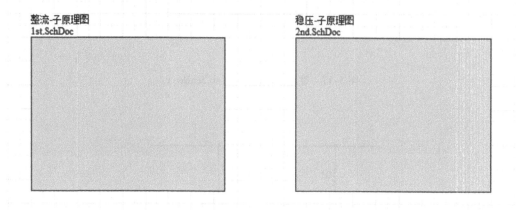

图 5-19　设置图表符

6)右键单击工作区,在弹出的快捷菜单中选择"放置"→"添加图纸入口"命令,分别放置在两个方块电路的 I/O 端口,放置后如图 5-20 所示。

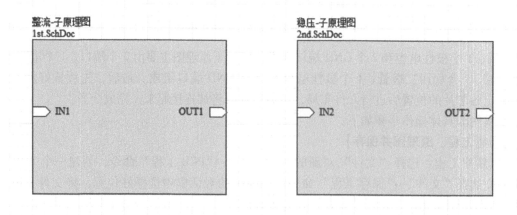

图 5-20　放置"图纸入口"

7)选择"放置"→"端口"命令或者单击"配线"工具栏中的"端口"按钮,进入端口放置状态,在图表符左右两侧分别放置一个端口符号。

8)分别双击 4 个图纸入口和 2 个端口,分别可弹出"方块入口"和"端口属性"对话框，在其中设置"方块入口"的名称和I/O类型、"端口属性"的名称和I/O类型，各个端口的参数见表5-1。

表5-1 各个端口的参数

名 称	I/O 类型	所属图纸符号	名 称	I/O 类型	所属图纸符号
IN	Input	顶层原理图	IN2	Input	2nd. SchDoc
IN1	Input	1st. SchDoc	OUT2	Output	2nd. SchDoc
OUT1	Output	1st. SchDoc	OUT	Output	顶层原理图

9）选择"放置"→"线"命令，将上述端口和图纸入口等相连接，完成连接的顶层原理图如图5-21所示。

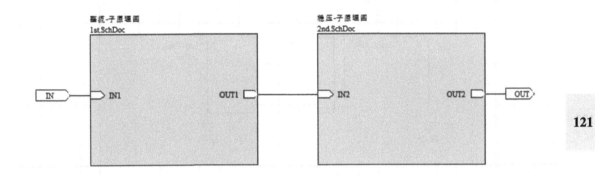

图5-21 完成连接的顶层原理图

【设计子原理图】

10）选择"设计"→"产生图纸"命令，光标将变成十字形，在图表符"1st. SchDoc"上单击，直接弹出"1st. SchDoc"的子原理图，系统创建名为"1st. SchDoc"的原理图。

11）在1st. SchDoc中放置并排列元件，如图5-22所示，各个元件的参数见表5-2。

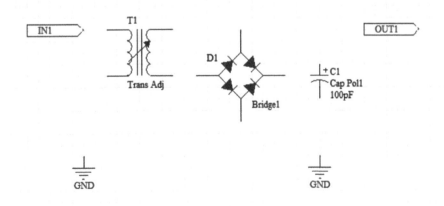

图5-22 1st. SchDoc子原理图放置和排列元件

表 5-2   各个元件的参数

标 识 符	数 值	封 装
C1	100pF	Cap Pol1
D1		Bridge1
T1		Trans Ideal

12）开始电路连线，连线后的子原理图如图 5-23 所示。选择"文件"→"保存文件"命令，保存 1st. SchDoc 子原理图。

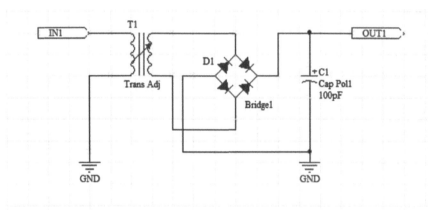

图 5-23   连线后的 1st. SchDoc 子原理图

13）返回"整流稳压顶层原理图"，选择"设计"→"产生图纸"命令，光标将变成十字形，在图表符 2nd. SchDoc 上单击，系统创建名为"2nd. SchDoc"的原理图。

14）在 2nd. SchDoc 中放置并排列元件，如图 5-24 所示，各个元件的参数见表 5-3。

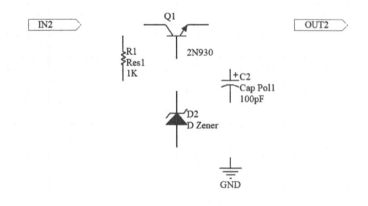

图 5-24   2nd. SchDoc 子原理图放置和排列元件

表 5-3　各个元件的参数

标　识　符	数　　值	封　　装
R1	1kΩ	Res1
C2	100pF	Cap Pol1
D2		D Zener
Q1		2N930

15）开始电路连线，连线后的子原理图如图 5-25 所示。选择"文件"→"保存文件"命令，保存 2nd. SchDoc 子原理图。至此，整个层次电路图设计完毕。

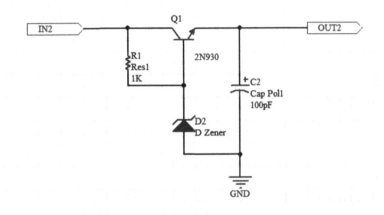

图 5-25　连线后的 2nd. SchDoc 子原理图

习　　题

5-1　简述层次原理图设计的主要作用。

5-2　简述层次原理图设计的几种常用工具。

5-3　画出不同类型和种类的端口符号。

5-4　简述不同层次原理图之间切换的命令方式。

第6章
原理图编译检查与报表文件输出

 **重点内容:**
1. 掌握电气规则检查的方法。
2. 熟练掌握生成元件列表的方法。

124

📥 **技能目标:**
1. 根据电气检查规则,修正原理图。
2. 生成网络表、元件列表和交叉元件参数表。

通常情况下,由于电路系统比较复杂,在设计完成的电路原理图中经常会存在一些错误。为了后续设计工作的正常开展,在将设计好的原理图送到 PCB 编辑器之前,必须对原理图的电气规则进行检查,

当原理图设计完成以后,为方便下一步处理(如元件清单、PCB 设计),Altium Designer 10 提供了多种工具来创建各种报表文件,包括 ERC 表、网络表、元件列表、层次设计组织列表等,以便用户可以从不同角度去掌握整个项目的设计信息。

6.1 电气规则检查

原理图设计基本完成后,需要对电路进行电气规则检查,以排除电路中违反电气规则的错误。原理图电气规则检查(Electrical Rule Check,ERC)用来查看原理图电气的连接特性是否一致、电气参数的设置是否合理等,即按照指定的物理和逻辑特性进行检测,找出人为的疏漏和错误,如未连接的电源和引脚和重复的元件编号等。对于各种不合理的电气冲突,Altium Designer 10 会按照设计者的设置规则生成错误报表并根据问题的严重性分别以 Error(错误)或者 Warning(警告)等信息来提醒,同时在原理图中有错误的地方做出标记。

在 Altium Designer 10 系统中，为了实时维护原理图的正确性，用户可以根据设计要求，对编译项目进行设置，进行项目编译，以校验项目的电气和绘制错误等，同时可以将检查的错误信息在 Messages 窗口列出来，并在原理图中标注出来，方便用户进行查错与修正。

6.1.1　设置电气检查规则

Altium Designer 10 可设置电气检查规则，这项工作通常是在项目工程中原理图设计完成之后进行。以第 3 章的操作实例中 AD 的转换电路为例介绍。在原理图完成后，选择"工程"→"工程参数"命令，系统会弹出项目选项对话框，如图 6-1 所示，在其中与原理图电气检查相关的主要有 Error Reporting（错误报告）、Connection Matrix（电路连接检测矩阵）和 Comparator（比较器）等选项。

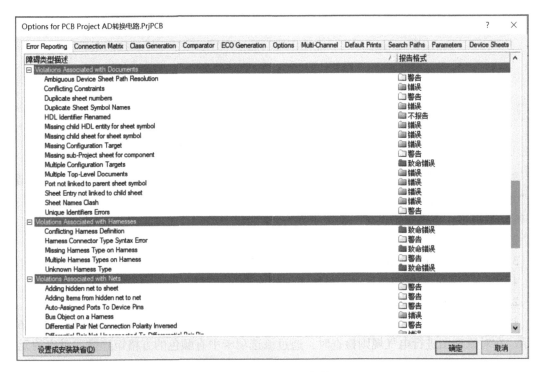

图 6-1　项目选项对话框

1. 错误报告（Error Reporting）

该选项卡列出了电气规则检查项目并设置了错误报告的类型，共有 9 种错误检查报告，如图 6-2 所示，分别是 Violations Associated with Buses（总线错误检查报告）、Violations Associated with Code Symbols（编码符号错误检查报告）、Violations Associated with Components（元件错误检查报告）、Violations Associated with Configuration Constraints（配置约束错误检查报告）、Violations Associated with Documents（文档错误检查报告）、Violations Associated with Harnesses（信号束错误检查报告）、Violations Associated with Nets（网络错误检查报告）、Violations Associated with Others（其他对象错误检查报告）和 Violations Associated with Parameters（参数错误检查报告）。

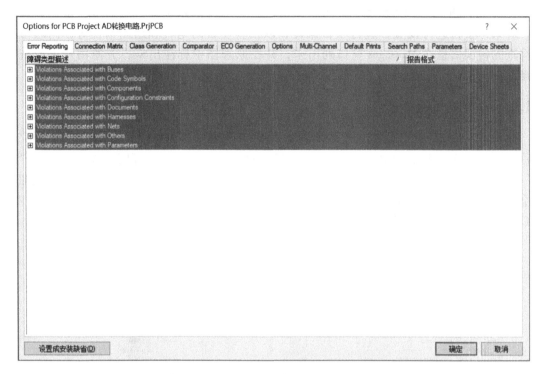

图 6-2　Error Reporting 中 9 种错误检查报告

对应每项错误描述都有 4 种相应的错误报告类型，分别是"不报告""警告""错误"和"致命错误"，反映了错误的严重程度，具体如下：

1）不报告：出现该错误时，系统不报告。

2）警告：出现该错误时，系统出现警告信息提示。

3）错误：出现该错误时，系统出现错误信息提示。

4）致命错误：出现该错误时，系统出现致命错误信息提示。

2. 电路连接检测矩阵（Connection Matrix）

该选项卡用来检查元件引脚、I/O 端口、方块电路端口等之间的电气连接属性，如图 6-3 所示。在对原理图进行电气规则检查时，通过该选项卡中有颜色的方格矩阵描述对应的元件引脚的连接是否符合原则，在交叉点处用不同颜色的方格代表不同的错误等级，其中红色代表严重错误、橙色代表错误、黄色代表警告、绿色代表不报告。

该选项卡中主要描述了以下 17 类引脚的连接情况：

1）Input Pin：输入型引脚。

2）IO Pin：IO 引脚。

3）Output Pin：输出型引脚。

4）Open Collector Pin：集电极开路引脚。

5）Passive Pin：无源元件引脚。

6）HiZ Pin：三态引脚。

7）Open Emitter Pin：发射极开路引脚。

8）Power Pin：电源引脚。

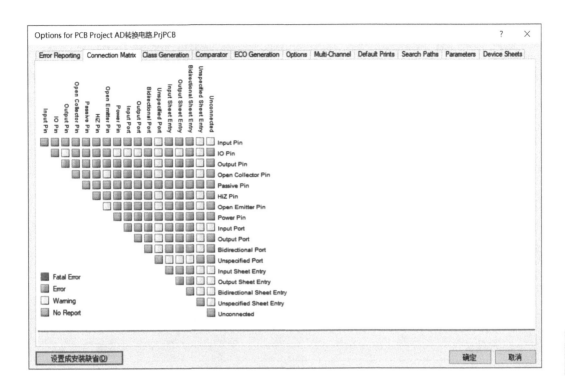

图 6-3　Connection Matrix 选项卡

9）Input Port：输入端口。

10）Output Port：输出端口。

11）Bidirectional Port：双向端口。

12）Unspecified Port：无方向端口。

13）Input Sheet Entry：输入型图纸符号端口。

14）Output Sheet Entry：输出型图纸符号端口。

15）Bidirectional Sheet Entry：双向图纸符号端口。

16）Unspecified Sheet Entry：无方向图纸符号端口。

17）Unconnected：无连接。

实际设计中，根据设计需要，可以修改错误等级，即改变检测矩阵中的错误类型设置，只需在要改变的位置用鼠标单击相应的色块即可，每单击一次改变一次，四种显示循环变化。

3. 比较器（Comparator）

该选项卡主要用于检查比较器的参数、对象与标准的匹配程度等，如图 6-4 所示。每一类中均列出了若干具体选项，对于每一项在电气规则检测过程中发生的变化，用户只要单击该项名称右侧的"模式"选项，从中选择 Ignore Differences（忽略差异）和 Find Differences（查找差异）就可以以此确定是忽略这种变化还是显示这种变化。

此外，对话框界面下方还可以显示对象与标准的匹配程度，该数据将用来作为判别差异是否产生的依据。

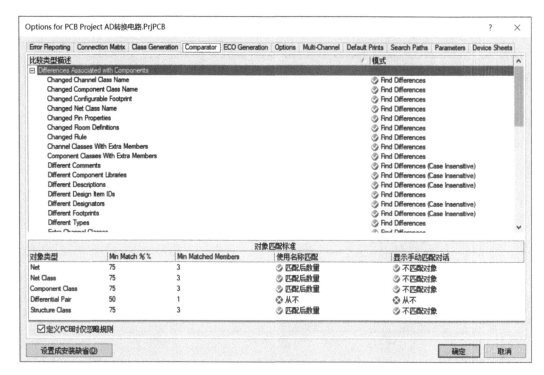

图 6-4　Comparator 选项卡

6.1.2　生成 ERC 报告

当设置了需要检查的电气连接及检查规则后，就可以对原理图进行编译检查操作。Altium Designer 10 中，检查原理图是通过编译项目来实现的，编译的过程中会对原理图进行电气连接和规则检查。编译项目的操作步骤比较简单。

【实例 6-1】编译项目

1）打开需要编译的项目，选择"工程"→"Compile PCB Project AD 转换电路 . PrjPCB"命令。

2）当项目被编译时，任何已经启动的错误均会显示在工作区右下角的 Messages 窗口中。如果 Messages 窗口关闭或者弹出失败，则需要重新打开面板，在原理图空白处右键单击，在弹出的快捷菜单中选择"工作区面板"→"System"→"Messages"命令，打开被关闭的 Messages 窗口，如图 6-5 所示。图中，英文栏名称分别为等级、文件、来源、信息、时间、日期，则需要检查电路并确认所有的导线和连接是正确的。如果电路绘制正确，Messages 窗口应该是空白的；如果电路出现错误，列表中会显示出错误的详细信息。

双击 Messages 窗口中的任意一条错误信息，会弹出"Compile Errors"信息框，如图 6-6 所示，同时相应原理图的出错位置会处于高亮显示状态，如图 6-7 所示。

根据检查结果对相应的错误进行修改，并重新对原理图进行编译，检查是否还有其他错误。有时候系统提示的错误信息并不都是准确的，也不一定全部需要修改，用户可以根据自身工程设计要求具体分析。此外，对于违反电气规则但实际上是正确的设计部分，为了避免系统显示出错误信息，在原理图绘制过程中，用户可以在相关位置放置忽略 ERC 检查点，最后得到无错误 Messages 窗口，如图 6-8 所示。

图 6-5　Messages 窗口　　　　　　　　　　图 6-6　"Compile Errors" 信息框

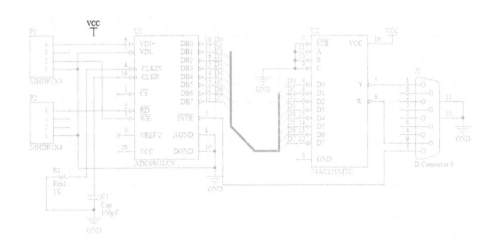

图 6-7　高亮显示原理图中的错误部分

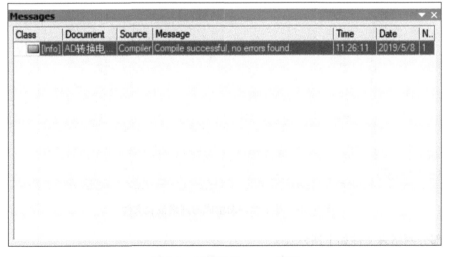

图 6-8　无错误 Messages 窗口

6.2 生成网络表

Altium Designer 10 具有丰富的报表功能，能方便生成各类报表。当原理图设计完成并进行项目编译后，用户可利用系统的报表功能创建各种原理图的报表。网络表包含元件和网络连接的关系，是原理图和 PCB 之间的桥梁，其主要包含以下两个方面内容：一是元件连接信息，主要包括元件的标识、引脚、封装形式等信息；二是网络连接信息，主要包括网络名称、节点等信息。

网络表文件的作用主要有以下两点：

1）支持 PCB 自动布线和电路的模拟仿真。

2）必要时，根据网络表对原理图进行人工检查。

同样以第 3 章的操作实例中 AD 转换电路为例。

【实例 6-2】生成基于原理图的网络表

1）双击打开"AD 转换电路"的原理图文件。

2）在菜单中选择"设计"→"文件的网络表"→"Protel"命令。

3）生成网络表文件并以".NET"格式存放在 Generated 文件夹下的 Netlist Files 中，如图 6-9 所示。

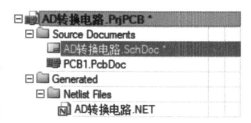

图 6-9 网络表文件

4）双击打开该网络表文件，如图 6-10 所示，可以查看所绘原理图的各电气连接关系。

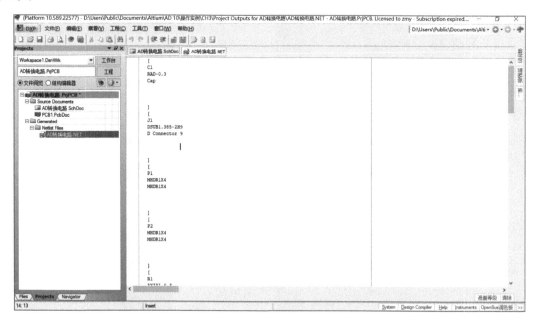

图 6-10 基于原理图生成的网络报表文件

本例部分网络表文件如下所示：

[

C1

RAD-0. 3

Cap

]

[

J1

DSUB1. 385-2H9

D Connector 9

]

[

P1

MHDR1X4

MHDR1X4

]

[

P2

MHDR1X4

MHDR1X4

]

[

R1

AXIAL-0. 3

Res1

]

[

U1

N20A

ADC0801LCN

]

[

U2

MTC16_N

74AC151MTC

]

(

D0

U1-18

U2-4

)

(

D1

U1-17

U2-3

)

(

D2

U1-16

U2-2

)

(

D3

U1-15

U2-1

)

(

D4

U1-14

U2-15

)

(

D5

U1-13

U2-14

)

(

D6

U1-12

U2-13

)

(

D7

U1-11

U2-12

)

(

GND

C1-1

J1-10
J1-11
P1-1
P2-1
R1-1
U1-7
U1-8
U1-10
U2-7
U2-9
U2-10
U2-11
)
(
NetC1_2
C1-2
U1-19
)
(
NetJ1_1
J1-1
U2-5
)
(
NetJ1_5
J1-5
U1-5
)
(
NetJ1_9
J1-9
U2-6
)
(
NetP1_2
P1-2
U1-3
)
(

NetP2_4

P2-4

U1-2

)

(

NetR1_2

R1-2

U1-4

)

(

VCC

P1-4

U1-6

U2-16

)

　　整个网络表分成两大部分。第一部分是元件描述,主要描述元件属性(包括元件标识符、封装形式、文本注释和附加说明),声明以"["为开始标志,并以"]"为结束标志。以上述网络表 C1 为例,其列表为:

[

C1

RAD-0. 3

Cap

]

表示的是,元件标识为 C1;元件封装为 RAD-0.3;元件注释为 Cap(即表示电容)。

　　第二部分是元件网络连接描述,主要描述元件连接(包括网络名称、网络连接点一和网络连接点二),网络定义以"("为开始标志,并以")"为结束标志。以上述网络表第一段网络连接为例,其列表为:

(

GND

C1-1

J1-10

J1-11

P1-1

P2-1

R1-1

U1-7

U1-8

U1-10

U2-7

U2-9

U2-10

U2-11

）

表示的是，网络标签 GND、元件标识为 C1 的引脚 1、元件标识为 J1 的引脚 10 和引脚 11，元件标识为 P1 的引脚 1，…，元件标识为 U2 的引脚 7、引脚 9、引脚 10 和引脚 11 等，在网络连接上是在同一网络点（即 GND）。

也可以基于项目生成网络报表，具体步骤和基于原理图生成网络报表步骤类似，本例由于项目中只有一个原理图文件，所以基于项目生成的网络报表文件和基于原理图生成的网络报表文件完全相同。如果项目中包含多张原理图，则上述基于项目所生成的网络报表包含所有原理图的元件信息和网络连接信息，虽然其文件名称与基于项目中单张原理图所生成的网络报表是相同的，但内容不同。

6.3　生成元件报表

元件报表主要用于整理某个原理图或整个原理图项目的所有元件，主要包括元件的名称、标注和封装等内容，相当于一份元件清单，在后续 PCB 制作时，用户可以根据报表所列元件的信息进行采购。

【实例 6-3】 生成元件报表

1）打开原理图文件，选择"报告"→"Bill of Materials"命令，软件将弹出元件报表对话框，如图 6-11 所示。图中，英文栏名称的含义分别为描述（Description）、标识符（Designa-

图 6-11　元件报表对话框

tor)、封装（Footprint）、封装索引（LibRef）、数量（Quantity），在表中可查看各种元件参数。

2）在元件报表对话框中，单击"菜单"→"报告"按钮，弹出"报告预览"对话框，如图 6-12 所示；也可以单击"输出"按钮，将元件报表导出。输出文件的保存类型有多种，如图 6-13 所示。

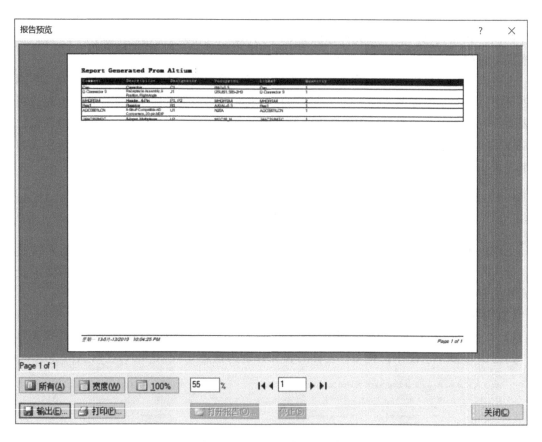

图 6-12　"报告预览"对话框

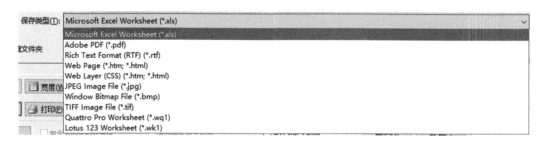

图 6-13　保存类型

3）在元件报表对话框中，单击"输出"按钮，弹出文件输出位置对话框，如图 6-14 所示，可以对文件名称进行设置；继续单击"保存"按钮，对文件进行保存，即可生成图 6-15 所示 Excel 格式文件。

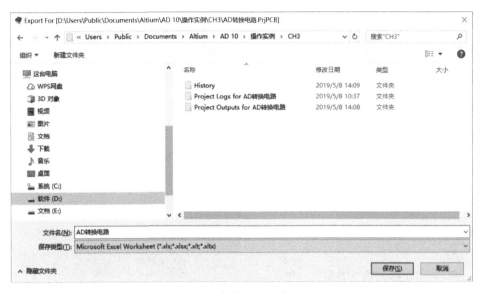

图 6-14　保存元件报表报告

图 6-15　生成 Excel 格式的元件报表内容

6.4　生成交叉元件参考表

交叉元件参考报表列出了多张原理图中每个元件列出元件类型、标识和隶属的图纸名称，也相当于一份元件清单。通过交叉元件参考报表，用户能查阅元件的引用情况。

【实例 6-4】生成交叉元件参考报表

1）打开原理图文件，选择"报告"→"Component Cross Reference"命令，软件将弹出交叉元件参考报表对话框，如图 6-16 所示。图中，英文栏的名称的含义分别为描述（Description）、标识符（Designator）、封装（Footprint）、封装索引（LibRef）、数量（Quantity），在表中可查看原理图的元件列表。

图 6-16　交叉元件参考报表对话框

2）在交叉元件参考报表对话框中单击"菜单"→"报告"按钮，将弹出"报告预览"对话框，如图 6-17 所示；也可以单击"输出"按钮，将交叉元件参考报表导出。输出文件的保存类型同样有多种，如图 6-18 所示。

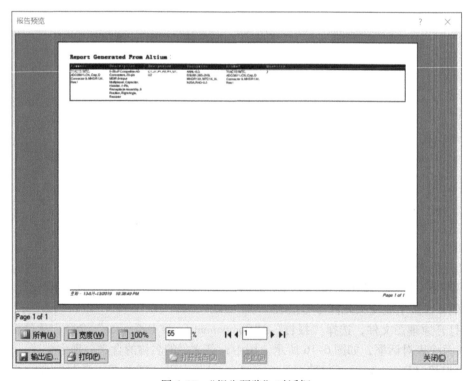

图 6-17　"报告预览"对话框

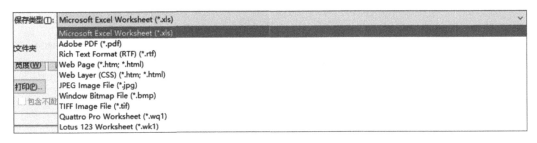

图 6-18　保存类型

3）在交叉元件参考报表对话框中，单击"输出"按钮，弹出文件输出位置对话框，可以对文件名称和存储位置进行设置。交叉元件参考报表默认输出为 Excel 格式文件。

6.5　生成层次设计报表

比较大的工程项目往往会有大规模的电路系统，导致电路设计会生成多个层次的电路原理图，并且各个原理图之间的关系也比较复杂。在层次原理图设计过程中，为帮助用户进一步明确电路系统的整体结构，更好地把握设计流程，Altium Designer 10 提供了层次设计报表这一辅助功能，它可以将原理图的多层结构关系清晰地显示出来。下面结合第 5.5 节所创建的"整流稳压电路 . PrjPCB"项目，具体介绍层次设计报表的生成方法。

139

【实例 6-5】生成层次设计报表

1）打开工程项目文件"整流稳压电路 . PrjPCB"，如图 6-19 所示。然后打开项目中的任意一个原理图文件，例如，打开"整流稳压—顶层原理图 . SchDoc"原理图文件。

2）选择菜单栏"报告"→"Report Project Hierarchy"命令，系统将自动生成层次设计报表文件"整流稳压—顶层原理图 . REP"，并存放在"Projects"面板下的"Generated"→"Text Documents"文件夹中，如图 6-20 所示。

图 6-19　整流稳压电路 . PrjPCB 工程项目文件目录　　　图 6-20　层次设计报表的文件目录

3）单击并打开层次设计报表文件"整流稳压—顶层原理图 . REP"，如图 6-21 所示。从图中可以看出，所生成的层次设计报表显示出了各原理图之间的层次关系，文件名称越靠上，表明文件层次越高。

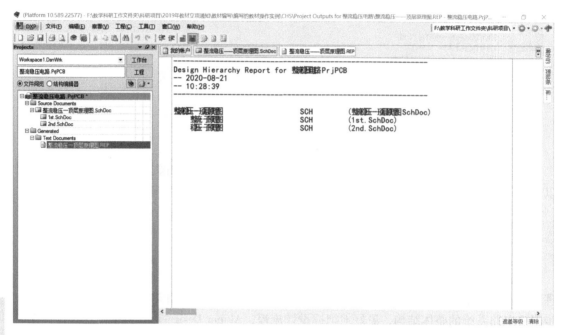

图 6-21　层次设计报表文件"整流稳压—顶层原理图.REP"

6.6　综合实例——数字时钟电路

　　数字时钟是采用数字电路实现时、分、秒多位数字显示的计时装置。随着数字集成电路的发展和石英晶体振荡器的广泛应用，数字时钟的精度已远超老式时钟，在工作和生活中得到了广泛的应用。下面以数字时钟原理图为例，具体介绍 Altium Designer 10 原理图的绘制过程，使读者能够熟练掌握原理图的绘制以及编译和报表输出的方法。图 6-22 所示为数字时钟电路顶层原理图示意图，图 6-23 和图 6-24 所示为控制电路和显示电路子原理图。

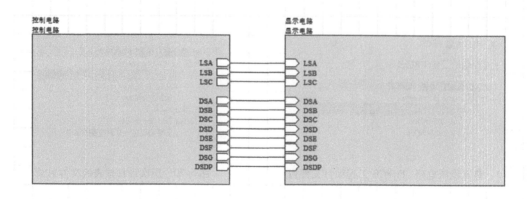

图 6-22　数字时钟电路顶层原理图

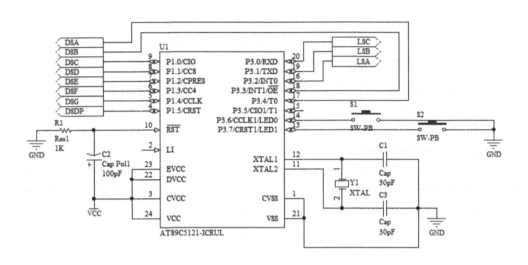

图 6-23　控制电路子原理图

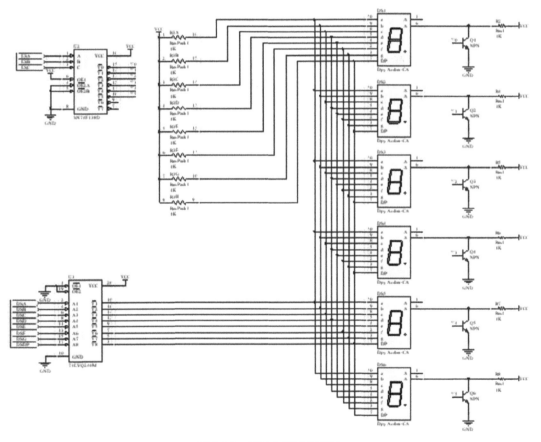

图 6-24　显示电路子原理图

设计思路：

首选，创建一个 PCB 工程，并在该工程下创建新的原理图，选好存储位置后对工程和原理图文件命名并保存；其次，对原理图中的元件进行分析统计，该顶层原理图由 2 个图表符、22 个图纸入口组成；控制电路子原理图主要由 11 个图纸入口、1 个 AT89C5121- ICRUL 芯片、1 个电阻、2 个开关、3 个电容和 1 个晶振组成；显示电路原理图主要由 11 个图纸入口、14 个电阻、1 个 SN74F138D、1 个 74LVQ240M、6 个 NPN 型晶体管和 6 个八段 LED 数码管组成。最后，先放置好所有元件，确定各芯片的位置后再进行元件布局，然后用导线将其连接起来，完成全图。

具体操作步骤如下：

【新建工程、原理图并保存】

1）新建工程：选择"文件"→"新的"→"工程"→"PCB 工程"命令，创建一个 PCB 项目文档。选择"文件"→"保存工程"命令，在弹出的对话框中选择好位置，将文件名称更改为"数字时钟电路.PrjPCB"，单击"保存"按钮进行保存。

2）新建原理：选择"文件"→"新建"→"原理图"命令，选择"文件"→"保存"命令，在弹出的对话框中选择好位置，将文件名称更改为"数字时钟电路顶层原理图.SchDoc"，单击"保存"按钮进行保存。

【设计层次原理图】

3）开始自上而下建立子原理图。右键单击原理图工作区，在弹出的快捷菜单中选择"放置"→"图表符"命令，在适当位置单击鼠标左键，确定方块图符号的左上端点位置，移动光标，适当调整图表符大小，单击鼠标左键确定方块图的终点，确认图表符的位置，按键盘〈Esc〉键或单击鼠标右键退出放置图表符的命令。

4）按步骤 3）方法再放置一个图表符。双击已放置的图表符，弹出"方块符号"对话框，如图 6-25 所示。

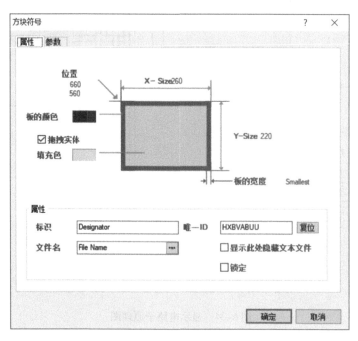

图 6-25 "方块符号"对话框

5）将两个图表符的标识分别设置成"控制电路"和"显示电路"，文件名分别为"控制电路.SchDoc"和"显示电路.SchDoc"，图表符的属性设置结果如图6-26所示。

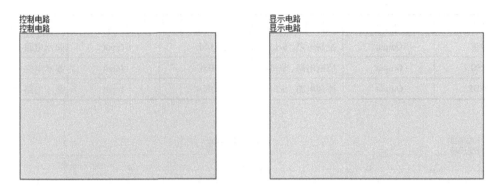

图6-26　图表符的属性设置结果

6）右键单击工作区，在弹出的快捷菜单中选择"放置"→"添加图纸入口"命令，在两个方块电路中共放置22个图纸入口，如图6-27所示。

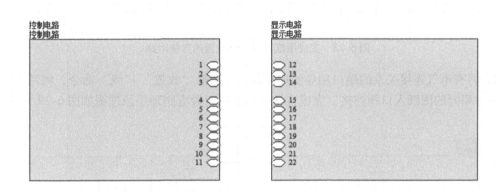

图6-27　放置22个图纸入口

7）对图纸入口的参数进行更改，双击图纸入口，弹出"方块入口"属性对话框，在其中设置"图纸入口"的名称和I/O类型，各个图纸入口的参数见表6-1，完成图纸入口属性设置的方块电路如图6-28所示。

表6-1　各个图纸入口的参数

名　称	I/O 类型	所属图纸符号	名　称	I/O 类型	所属图纸符号
LSA	Output	控制电路.SchDoc	LSA	Input	显示电路.SchDoc
LSB	Output	控制电路.SchDoc	LSB	Input	显示电路.SchDoc
LSC	Output	控制电路.SchDoc	LSC	Input	显示电路.SchDoc
DSA	Output	控制电路.SchDoc	DSA	Input	显示电路.SchDoc
DSB	Output	控制电路.SchDoc	DSB	Input	显示电路.SchDoc
DSC	Output	控制电路.SchDoc	DSC	Input	显示电路.SchDoc

（续）

名　　称	I/O 类型	所属图纸符号	名　　称	I/O 类型	所属图纸符号
DSD	Output	控制电路 . SchDoc	DSD	Input	显示电路 . SchDoc
DSE	Output	控制电路 . SchDoc	DSE	Input	显示电路 . SchDoc
DSF	Output	控制电路 . SchDoc	DSF	Input	显示电路 . SchDoc
DSG	Output	控制电路 . SchDoc	DSG	Input	显示电路 . SchDoc
DSDP	Output	控制电路 . SchDoc	DSDP	Input	显示电路 . SchDoc

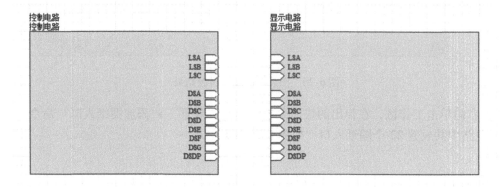

图 6-28　完成图纸入口属性设置的方块电路

8）将有电气连接关系的端口用导线连接起来：选择"放置"→"线"命令，将两个方块图中名称相同的图纸入口相连接。完成连接后的数字时钟电路顶层原理图如图 6-29 所示。

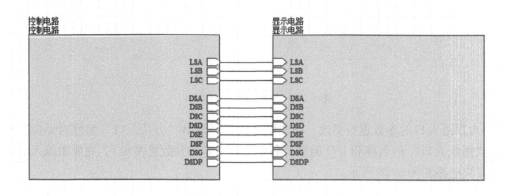

图 6-29　数字时钟电路顶层原理图

【设计控制电路子原理图】

9）选择"设计"→"产生图纸"命令，光标将变成十字形，在图表符中的"控制电路 . Sch Doc"上单击鼠标左键，系统自动创建并弹出名为"控制电路 . SchDoc"的原理图，如图 6-30 所示。

10）在"控制电路 . SchDoc"子原理图中放置并排列元件，所有元件放置后的控制电路子原理图如图 6-31 所示。

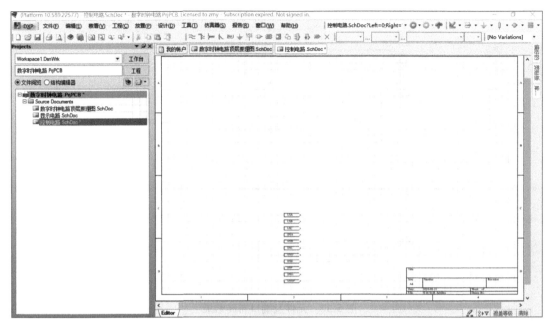

图 6-30　控制电路子原理图

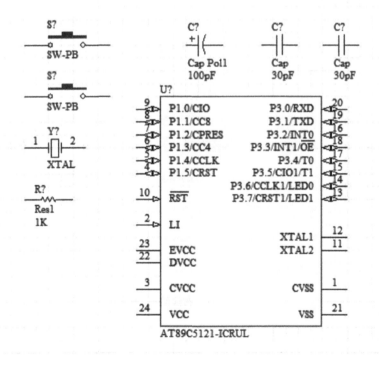

图 6-31　元件放置后的控制电路子原理图

11）元件及端口布局。通过移动、对齐元件，将元件合理布局到原理图上，布局结果如图 6-32 所示。

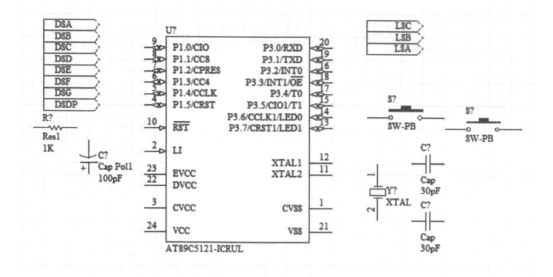

图 6-32　元件及端口布局结果

12）放置电源和接地端口。

13）连接导线。根据设计要求，用导线将原理图中具有电气连接关系的元件引脚连接起来，布线结果如图 6-33 所示。

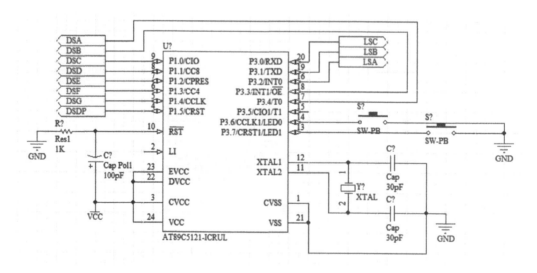

图 6-33　布线结果

【对子原理图中元件进行编号】

14）设置元器件编号。选择菜单："工具"→"注解"命令，打开"注释"对话框，单击"更新更改列表"，弹出"Information"对话框，单击"OK"按钮，然后单击"接收更改（创建 ECO）"按钮，弹出"工程更改顺序"对话框，单击"生效更改"命令，再单击"执行更改"按钮，而后再关闭"工程更改顺序"对话框，最后再关闭"注释"对话框。至此完成对子原理图中所有元件的编号设置，得到的控制电路子原理图如图 6-34 所示。

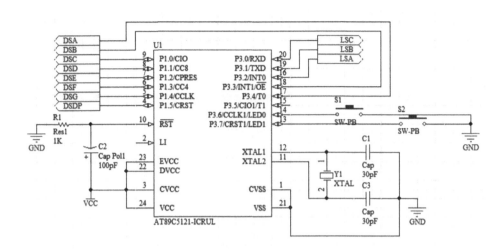

图 6-34　控制电路子原理图

【设计显示电路子原理图】

15）重复步骤 9）～14），绘制显示电路子原理图，经过放置元件、元件布局、连接导线和元件编号等操作得到的显示电路子原理图，如图 6-35 所示。

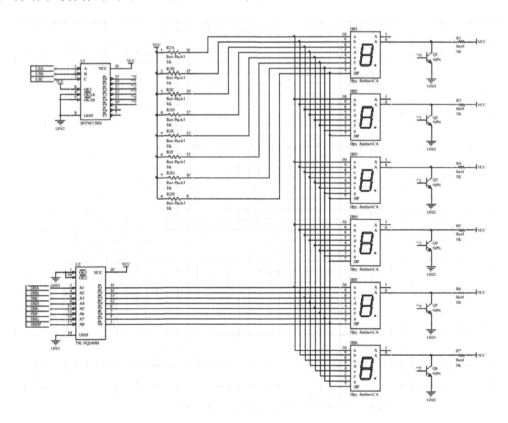

图 6-35　显示电路子原理图

【原理图编译检查与各类报表输出】

16）编译工程。选择菜单："工程"→"Compile PCB Project 数字时钟电路 . PrjPCB"命令，工作区会弹出"Messages"窗口，如图 6-36 所示。双击 Messages 窗口中的任意一条错误信息，会弹出"Compile Errors"对话框，同时原理图的相应出错位置处于高亮显示状态。

Class	Document	Source	Message	Time	Date	No.
[Error]	控制电路.SchDoc	Compiler	Net NetU1_2 contains floating input pins (Pin U1-2)	14:58:34	2019/5/16	1
[Warning]	控制电路.SchDoc	Compiler	Unconnected Pin U1-2 at 650,540	14:58:34	2019/5/16	2
[Warning]	控制电路.SchDoc	Compiler	NetU1_4 contains IO Pin and Output Port objects (Port DSDP)	14:58:34	2019/5/16	3
[Warning]	控制电路.SchDoc	Compiler	NetU1_5 contains IO Pin and Output Port objects (Port DSG)	14:58:34	2019/5/16	4
[Warning]	控制电路.SchDoc	Compiler	NetU1_6 contains IO Pin and Output Port objects (Port DSF)	14:58:34	2019/5/16	5
[Warning]	控制电路.SchDoc	Compiler	NetU1_7 contains IO Pin and Output Port objects (Port DSE)	14:58:34	2019/5/16	6
[Warning]	控制电路.SchDoc	Compiler	NetU1_8 contains IO Pin and Output Port objects (Port DSD)	14:58:34	2019/5/16	7
[Warning]	控制电路.SchDoc	Compiler	NetU1_9 contains IO Pin and Output Port objects (Port DSC)	14:58:34	2019/5/16	8
[Warning]	控制电路.SchDoc	Compiler	NetU1_16 contains IO Pin and Output Port objects (Port LSA)	14:58:34	2019/5/16	9
[Warning]	控制电路.SchDoc	Compiler	NetU1_17 contains IO Pin and Output Port objects (Port DSA)	14:58:34	2019/5/16	10
[Warning]	控制电路.SchDoc	Compiler	NetU1_18 contains IO Pin and Output Port objects (Port DSB)	14:58:34	2019/5/16	11
[Warning]	控制电路.SchDoc	Compiler	NetU1_19 contains IO Pin and Output Port objects (Port LSB)	14:58:34	2019/5/16	12
[Warning]	控制电路.SchDoc	Compiler	NetU1_20 contains IO Pin and Output Port objects (Port LSC)	14:58:34	2019/5/16	13
[Warning]	控制电路.SchDoc	Compiler	Net NetC2_2 has no driving source (Pin C2-2,Pin R1-2,Pin U1-10)	14:58:34	2019/5/16	14
[Warning]	控制电路.SchDoc	Compiler	Net NetU1_2 has no driving source (Pin U1-2)	14:58:34	2019/5/16	15

图 6-36　编译工程弹出的"Messages"窗口

17）生成网络报表。选中原理图文件后，在菜单中选择"设计"→"工程的网络表"→"Protel"命令，生成的网络表文件以". NET"格式存放在 Generated 文件夹下的 Netlist Files 中。本实例中有 3 张原理图，因此最终生成 3 个网络报表，文件名称分别是"数字时钟电路顶层原理图 . NET"、"控制电路 . NET"和"显示电路 . NET"，其网络报表文件的目录如图 6-37 所示。

图 6-37　工程的网络报表文件目录

18）双击打开任意一个网络报表文件，都可以查看所绘原理图的各电气连接关系。

19）生成元件报表，选择"报告"→"Bill of Materials"命令，软件将弹出元件报表对话框，如图 6-38 所示，按照 6.3 节所讲内容可以输出 Excel 格式文件。

20）生成层次设计报表，选择菜单栏"报告"→"Report Project Hierarchy"命令，系统

图 6-38　工程的元件报表对话框

将自动生成层次设计报表文件"数字时钟电路顶层原理图.REP",并存放在"Projects"面板下的"Generated"→"Text Documents"文件夹中,如图 6-39 所示。单击打开"数字时钟电路顶层原理图.REP",如图 6-40 所示。

图 6-39　层次设计报表的文件目录

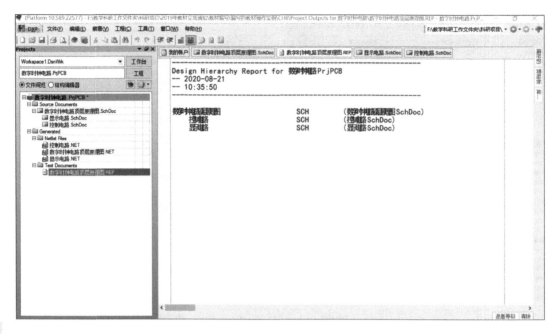

图 6-40　时钟电路顶层原理图 . REP

习　题

6-1　简述原理图的电气规则检查的主要作用。

6-2　列举 Altium Designer 10 可以生成的报表。

6-3　简述元件报表的主要作用。

6-4　层次设计报表的文件扩展名是什么？层次设计报表具有什么作用？

第7章
印制电路板设计

重点内容：

1. 熟练应用 Altium Designer 10 软件进行 PCB 设计。
2. 掌握 Altium Designer 10 软件中的 PCB 编辑器的使用方法。

技能目标：

1. 掌握 Altium Designer 10 软件中的 PCB 参数设定。
2. 掌握 Altium Designer 10 软件中 PCB 编辑器设计工具栏窗口的组成、功能及元件操作方法。

通过前6章的学习，初步了解了 Altium Designer 10 软件中电路原理图的设计、原理图的编译检查和相关报表文件的输出等操作方法。本章主要学习利用 Altium Designer 10 软件进行印制电路板（Printed Circuit Board，PCB）设计。原理图要经过 PCB 设计和制作才能实现电子元件之间的电气连接，并由制板厂家依据用户的设计原理图制造出 PCB。Altium Designer 10 为设计人员提供了完整的印制电路板的设计方法。本章主要介绍印制电路板设计的基本概念和编辑环境。

7.1 PCB 的设计基础

PCB 的设计基础包括 PCB 的分类、常用组成、元件封装概述、设计流程、设计原则等，了解或熟悉 PCB 的设计基础对用户进行 PCB 设计的环境设置至关重要。

7.1.1 PCB 的分类

PCB 主要由绝缘体、金属（铜、银、金）、焊锡等材料制作而成，其主体由绝缘材料制作，早期使用的是电木，目前一般采用 SO_2，PCB 正向着薄厚度和强韧性方向发展。金属铜、银、金等材料主要通过蚀刻在 PCB 上形成导线，一般还会在导线表面再附上一层薄绝缘层。焊锡主要附着在元件引脚和焊盘的表面，一般用于电路板过孔和直插式芯片引脚之间或焊盘表面与贴片式元件引脚之间的焊接。

根据导电层数的不同，PCB 可分为单面板、双面板和多层板。

1. 单面板

最早期的电路使用单面板，单面板适用于简单的电路。单面板一面敷铜，另一面不敷铜，元件和导线只放置在敷铜的一面。单面板结构简单、成本低，通常用于简单的大批量产品中，但因为元件布线的导线只放置在一面且不能交叉，所以必须走独自的路径，因此单面板在应用上有许多严格的限制，在早期 PCB 中比较常见。

2. 双面板

双面板包括顶层（Top Layer）和底层（Bottom Layer）两层，中间为层绝缘层，两面敷铜，两面都有布线。要使顶层和底层的导线连接起来，一般需要由过孔或焊盘连通。因为双面板的布线面积是单面板布线面板的 2 倍，而且可以通过过孔建立上下层间的电气连接（不可以相互交错），所以双面板可用于比较复杂的电路，是一种比较理想的 PCB。

3. 多层板

多层板是指包含多个工作层面（一般指三层以上）的电路板。它在双面板的顶层和底层基础上，增加了内部电源层、内部接地层和若干中间布线层，如图 7-1 所示，该图为四层板结构。板层越多，则布线的区域就越多，布线也就越简单，但由于多层板制作工艺复杂，故其成本较高。当然，随着电子技术的快速发展，电子产品要求越来越小，电路板的制作也越来越复杂，多层板的应用也会越来越广泛。

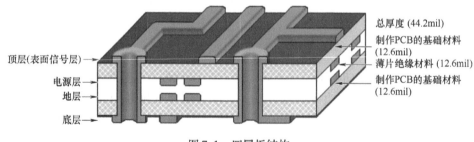

图 7-1　四层板结构

7.1.2　元件的封装

在 PCB 图中，每一个元件都包含若干个引脚，通过引脚可将电信号引入元件内部进行处理，从而完成对应功能。元件封装是指元件在 PCB 上焊接时的位置和大小形状，包括外形、位置、尺寸和引脚间距等。不同的元件可以有相同的封装，也可以有不同的封装，搞清楚元件的封装在 PCB 设计中也很重要。

元件封装按安装方式可分为直插式和表贴式两大类。

（1）直插式

将元件插入焊盘通孔中以固定在电路板上，当焊盘穿越多层时，需要将焊盘的板层设置为 Multi-Layer，直插式的针脚式元件封装如图 7-2 所示。

（2）表贴式

表贴式元件也可叫贴片式元件，它没有焊孔，直接贴装在电路板的顶面或底面，焊盘设置选择顶层或底层，一般引脚比较多的元件采用这种封装，适用于大批量生产。典型的表贴式元件封装如图7-3所示。

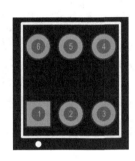

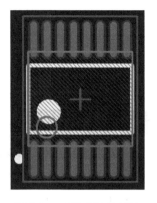

图7-2　直插式的针脚式元件封装　　　　　图7-3　表贴式元件封装

元件封装的编号一般为"元件类型＋焊盘数量＋外形尺寸"。由此，可以根据元件封装编号来判断元件封装的参数规格等信息。例如，RB5.8-16表示引脚间距为5.8mm、元件直径为16mm的极性电容。

元件封装名一般为"元件封装类型＋焊盘距离/焊盘数＋元件外形尺寸"。设计者可根据元件的封装名来判断元件的外形规格。Altium Designer 10系统中采用两种单位：公制和英制。公制单位为mm，1mm＝39.37mil；英制单位为mil，1mil＝0.0254mm。

常用的元件封装有电阻类（Res）、可变电阻类（RPot）、二极管类（DIODE）、电容类（Cap）等，这些元件的封装均存放在Miscellaneous Devices.IntLib元件库中。

（1）电阻类

电阻类常用的元件封装有直插类型和表贴类型，其中直插式电阻的元件封装如图7-4所示。封装编号为AXIAL-X，"X"表示两个焊盘间的距离。

（2）可变电阻类

可变电阻类元件封装有直插类型和表贴类型等，常用的直插式可变电阻的元件封装如图7-5所示。封装编号为VR-X，"X"表示引脚的形状。

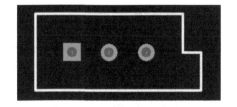

图7-4　直插式电阻的元件封装　　　　　图7-5　直插式可变电阻的元件封装

（3）二极管类

二极管的封装形式有很多种，常用的直插式二极管的元件封装如图7-6所示。封装编号为 DO-X，"X"表示二极管引脚间的间距。

（4）电容类

电容分为极性电容和无极性电容，两种封装形式也有不同。极性电容的元件封装如图 7-7 所示。封装编号为 RB-X，"X"表示两个焊盘间的距离。

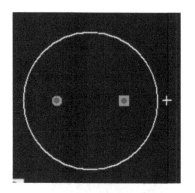

图 7-6　直插式二极管的元件封装　　　　图 7-7　极性电容的元件封装

（5）双列直插式集成芯片

双列直插式集成芯片常用的元件封装，一般命名为 DIP-X，"X"表示总引脚数，DIP-8 的元件封装如图 7-8 所示。

（6）晶体管类

晶体管类的元件封装形式较多，以 TO-18 封装为例，如图 7-9 所示。

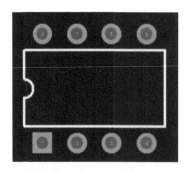

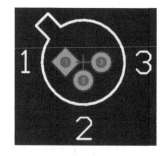

图 7-8　DIP-8 的元件封装　　　　图 7-9　晶体管类的元件封装

7.1.3　导线与飞线

导线全称为铜膜导线，也称为铜膜走线。它就是电路板上的实际走线，用于连接各元件的各个焊盘。PCB 设计的很大一部分任务就是围绕如何合理布置导线进行的。

与铜膜导线相关的另一种线是飞线，也称为预拉线。它是在系统装入网络表后，根据规则生成的、用来指引布线的一种连线。

飞线与铜膜导线的本质区别在于是否具有电气连接特性。飞线只在形式上表现出各个焊盘间的连接关系，没有电气的连接意义。导线则是根据飞线指示的焊盘间的连接关系而布置的，具有电气连接意义。

7.1.4 助焊膜与阻焊膜

各种膜不仅是 PCB 制作工艺过程中必不可少的，而且也是元件焊接的必要条件。按"膜"所处的位置及其作用，可分为元件面（或焊接面）助焊膜（Top or Bottom Solder）和元件面（或焊接面）阻焊膜（Top or Bottom Paste Mask）两类。

助焊膜是涂于焊盘上用来提高焊接性能的一层膜，即在绿色的 PCB 上比焊盘略大的浅色。阻焊膜的情况正好相反，为了使制成的 PCB 适应波峰焊等焊接形式，要求 PCB 上非焊盘处的铜箔不能粘锡。因此焊盘以外的各部位都要涂覆一层绝缘涂料，用于阻止这些部位上锡。助焊膜和阻焊膜是一种互补关系。

7.1.5 焊盘

焊盘是用焊锡将元件引脚与铜膜导线连接的焊点。焊盘的作用是放置焊锡、连接导线和元件引脚，各种元件引脚对应不同的焊盘形式，常用的焊盘有对应于直插型引脚的通孔焊盘和对应于表贴型引脚的单层焊盘。选择元件的焊盘类型要综合考虑该元件的形状、大小和布置形式等因素，例如电流大、易发热的焊盘应设计成泪滴状。Altium Designer 10 在封装库中给出了一系列不同大小和形状的焊盘，如圆、方、八角、圆方和定位用方形表贴焊盘等，如图 7-10 所示。一般焊盘孔径的尺寸要比元件引脚的直径大 8 ~ 20mil，设计时还需要考虑以下原则：

1）形状上长短不一致时，要考虑连线宽度与焊盘特定边长的大小差异不能过大。

2）当在元件引脚之间走线时，选用长短不对称的焊盘往往事倍功半。

图 7-10　常见焊盘

7.1.6 过孔

过孔（Via）也称为导孔，是用来连接不同板层之间导线的孔。它也可以看作是用来连接不同层之间的一种铜箔导线，作用与铜箔导线一样，都是用来连接元件之间的引脚。过孔有穿透式过孔、半盲孔和盲孔三种形式，如图 7-11 所示。

穿透式过孔（Through）：从顶层贯通到底层的过孔。

半盲孔（Blind）：从顶层或底层到某个中间层，不打通但外部可见。

盲孔（Buried）：只用于中间层的导通连接，而没有穿透到顶层或底层的过孔。

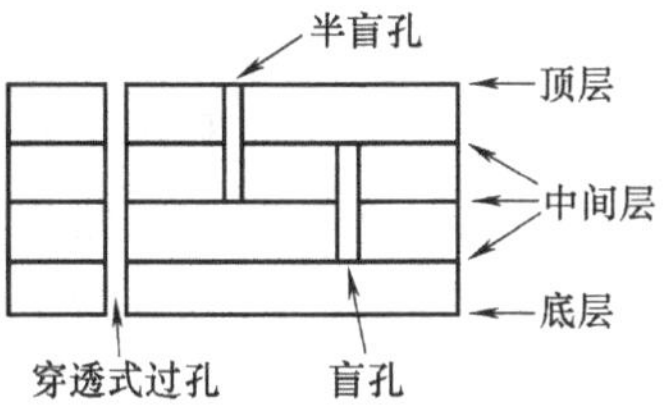

图 7-11　三种过孔示意图

一般而言，设计线路时对过孔的处理有以下原则：

1）尽量少用过孔。一旦使用了过孔，必须处理好它与周边各实体的间隙，特别要注意容易被忽略的中间层与过孔之间的间隙。

2）依据载流量的大小确定过孔的尺寸。

7.1.7 信号层、电源层、接地层与丝印层

PCB 的各板层，主要可以划分为信号层（Signal Layer）、电源层（Power Layer）、接地层（Ground Layer）和丝印层（Silk Screen Layer）。其中，信号层主要用于放置各种信号线和电源线，电源层和接地层主要用于对信号线进行修正，并为电路板提供足够的电力供应。电路板各板层之间整体上互相绝缘，并通过"过孔"连接信号线或电源线。

就单面板和双面板而言，它们只有信号层，而没有专门的电源层和节点层。就多层板而言，它可能有多个信号层、多个电源层和一个接地层。例如，在常见的 4 层电路板中，顶层和底层两层是信号层，中间两层是接地层和电源层；在常见的 6 层电路板中，可能有 3~4 个信号层、1 个接地层以及 1~2 个电源层。通过应用专门的电源层和接地层，可以扩大信号层的布线面积，从而降低信号线的布线密度以防止电磁干扰。

为了方便电路的安装和维修，在电路板丝印层（Silkscreen Top/Bottom Overlay）印上所需的标志图案和文字代号等，如元件编码、元件外形、厂家标志和生产日期等。在设计 PCB 放置元件封装时，该元件的编号和轮廓均自动地放置在丝印层上。设计人员在设计丝印层的有关内容时，应注意文字符号放置的整齐美观，同时更应该注意实际制出的 PCB 效果，否则将会给装配和维修带来很多不便。

7.2 PCB 的设计流程

利用 Altium Designer 10 制作一块实际的电路板，设计人员需了解 PCB 的设计流程。按流程一步步操作，保证每一步都正确，最后才能制出一块正确的 PCB。PCB 的设计流程如图 7-12 所示。

1. 绘制电路原理图

电路原理图是设计 PCB 的基础，本工作可在 Altium Designer 10 原理图编辑器中完成。按照前面章节所学内容绘制完原理图后，可以对该项目工程进行编译，检测电气规则、生成网络表和检查元件的封装形式。

2. 规划电路板

设计的 PCB 除了具体电气特性外，还应具有机械特性，设计时会考虑安装尺寸和固定孔等机械参数的约束，因此在绘制 PCB 时，设计人员要对电路板有一个总体的规划。具体是确定电路板的物理尺寸、采用几层板（单面板、双面板还是多层板）、板层厚度、各个元件的大致摆放位置等。

3. 设置参数

用户可以根据工程的实际需求设置 PCB 编辑器的环境参数，包括电路板的结构及尺寸、板层参数、网格属性、布局属性、

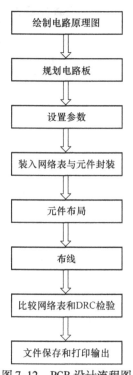

图 7-12　PCB 设计流程图

层参数和布线参数等。如果无特殊要求，参数一般可以采用系统默认值。

4. 装入网络表与元件封装

网络表是电路原理图与 PCB 之间的纽带。只有把网络表装入 PCB，才有可能完成电路板的自动布线。另外，由于 PCB 对应着实际元件，所以必须把各元件的封装信息载入 PCB 中，才能进行 PCB 的元件布局和布线。然而由于 Altium Designer 10 集成度很高，故不需要设计人员手动生成网络表并把网络表和元件封装信息载入 PCB 系统中，但一旦出现错误，设计人员还是需要手工生成网络表来检查错误。

5. 元件布局

载入网络表后，可以让系统对元件进行自动布局，也可以自己手工布局，或者先进行自动布局，然后对自动布局进行手工调整。只有布局合理，才能进行下一步的布线工作。

6. 布线

布线工作是完成元件之间的电路连接。布线有两种方式：自动布线和手工布线。若装入网络表，则可采用自动布线。在布线之前，还要设置好布线规则。布线规则是指布线时的各个规范，如安全距离、导线宽度等。自动布线之后，设计人员可以对不合理或不满意的地方进行手工调整。

7. 比较网络表和 DRC 检验

对于由网络表装入的 PCB 设计文件，在进行手工调整时，会进行一些添线、拆线等操作，此过程有可能会造成人为的错误。设计人员可以把由 PCB 生成的网络表文件与由原理图生成的网络表文件相比较，以判断这两个网络表的一致性，进而确定绘制的 PCB 是否正确。在布线完成后，需要对电路板做 DRC 检验，以确认电路板是否符合设计规则、网络是否连接正确。

8. 文件保存和打印输出

文件保存和打印输出的主要工作包括保存 PCB 文件、利用各种图形输出设备（如打印机或绘图仪）输出 PCB 图、根据工程采购和装配等流程需要导出元件明细表等。

7.3　PCB 设计的基本原则

对于电子产品而言，其设计的合理性与产品生产及产品质量密切相关，PCB 设计会影响电路板的抗干扰能力。因此，在进行 PCB 设计时，必须遵守 PCB 设计的一般原则，并应符合抗干扰设计的要求。本节将介绍 PCB 设计的基本原则，包括 PCB 的选材和尺寸、元件布局、PCB 布线原则、焊盘、覆铜、去耦电容配置、电源线和地线的设计等。

1. PCB 的选材和尺寸

制造 PCB 的主要材料是覆铜箔板，将其经过粘接、热挤压工艺后，使一定厚度的铜箔牢固地覆着在绝缘基板上。根据所用基板材料及厚度不同，铜箔与黏接剂各有差异，制造出来的覆铜板在性能上也有很大差别，可分为刚性 PCB 和柔性 PCB、软硬结合 PCB。刚性 PCB 与柔性 PCB 直观上的区别是柔性 PCB 是可以弯曲的。刚性 PCB 的常见材料有酚醛纸质层压板、环氧纸质层压板、聚酯玻璃毡层压板、环氧玻璃布层压板，柔性 PCB 的常见材料有聚酯薄膜、聚酰亚胺薄膜、氟化乙丙烯薄膜。

PCB 选材是一个很重要的工作，选材恰当，既能保证整机质量，又不浪费成本；选材不当，要么白白增加成本，要么牺牲整机性能，因小失大，造成更大的浪费。特别是在设计大批量 PCB 时，性能价格比是一个很实际而又很重要的问题，可根据产品的技术要求、工作环境要求、工作频率，结合整机给定的结构尺寸及性能价格比来选用。

从成本、铜膜导线长度、抗噪声能力考虑，电路板的尺寸越小越好。但是，电路板尺寸太小，则散热不良，且相邻的导线容易引起干扰。电路板尺寸过大时，则导线线路长、阻抗增加、抗噪声能力下降、成本增加。

在工程应用中，电路板通常都安装在机箱中，因此电路板尺寸还受机箱大小限制，必须根据机箱要求确定电路板尺寸。

电路板的最佳形状为矩形，长宽比为 3∶2 或 4∶3 均可。电路板规格大于 200mm × 150mm 时，应考虑电路板所受的机械强度。

2. 元件布局

在确定 PCB 元件布局时，应首先留出 PCB 的定位孔和固定支架所占用的位置，然后合理安排各个功能单元的位置，并以每个功能单元的核心元件为中心，将其他元件围绕该元件进行均匀、整齐、紧凑的排列，从而尽量减少和缩短各元件之间的连线，使元件布局利于信号流通并使信号保持方向一致。例如，在设计 CPU 电路板时，时钟发生器、晶振和 CPU 的时钟输入端都易产生噪声，要互相靠近些。一般来说，元件布局应遵循以下原则：

1）应围绕关键元件来布局，先布置关键元件（如单片机、ARM、DSP、FPGA 等），然后按照地址线和数据线的就近原则布置其他元件。

2）模拟电路通道应与数字电路通道分开布置，不能混在一起。

3）尽可能缩短高频元件之间的连线长度。易受干扰的元件不能相互靠得太近，输入和输出元件应尽量远离。

4）某些元件或导线之间可能有较高的电位差，应加大它们之间的距离，以免放电引起意外短路。带强电的元件应尽量布置在调试时手不易触及的地方。

5）重量大的元件应用支架加以固定。那些又大又重、发热量又大的元件应装在整机的机箱底板上，且应考虑散热问题。

6）对于电位器、微动开关等可调元件的布局，应考虑整机的结构要求，尽量放置在易于调节的地方。

7）各元件之间应尽量平行摆放，以减小元件之间的分布参数，且显得美观大方。

8）位于电路板边缘的元件，离电路板边缘的距离一般不小于 2mm。

3. PCB 布线原则

布线的好坏对 PCB 性能影响很大，常规布线原则如下：

1）MCU 芯片的数据线和地址线尽量要平行布置。

2）输入、输出端导线都应尽量避免平行布置，以免发生反馈耦合。

3）铜箔导线在条件许可的范围内，最好取 15mil 以上，尽量不小于 10mil，导线间的最小间距是由线间绝缘电阻和击穿电压决定的，一般不能小于 12mil。

4）铜箔导线拐弯时，一般取 45°走向或呈圆弧形。特别是在高频电路下，不能呈直角和锐角，以防高频信号在导线拐弯处发生信号反射现象。

5）尽量加粗电源线，同时使电源线、地线与其他导线的走向一致，以增强抗噪声能力。

6) 如果电路板上既有数字电路，又有模拟电路，则应使数字地与模拟地分开，或在二者之间串入一无极性电容，最后到电源模块上数字地和模拟地才能汇合。

7) 在高频元件周围尽量采用包地技术，用栅格状的铜箔网，以起到屏蔽作用。

8) 对于数字电路构成的 PCB，把接地电路布置成环状能提高整个电路板的抗干扰能力。

4. 焊盘

一般来说，分立元件和接插件大都采用圆形焊盘，且焊盘直径可设置为 62mil（1.58mm），内孔直径可设置为 32mil（0.81mm）。对于采用 DIP 或 PGA 封装的集成芯片而言，也大都采用圆形焊盘，且焊盘直径可设置为 50mil（1.27mm），内孔直径可设置为 32mil（0.81mm）。

对于采用扁平封装的元件而言，大都采用矩形焊盘，其内径可设置为 0，宽度约为 23.622mil（0.6mm），长度约为 86.614mil（2.2mm）。

当与焊盘连接的走线较细时，要将焊盘与走线之间的连接设计成水滴状，称之为补泪滴。这样能使焊盘不容易起皮，而且走线与焊盘不易断开。通常焊盘孔边缘到电路板边缘的距离要大于 1mm，这样可以避免加工时导致焊盘缺损；相邻的焊盘要避免有锐角。

5. 覆铜

PCB 上的大面积覆铜主要有两个用途：一是散热；二是用于屏蔽，减小干扰。为了避免焊接时产生的热量使电路板产生的气体而无处排放，导致铜膜脱落，应该在大面积覆铜上开窗口，而后使其填充为网格状。

6. 去耦电容配置

配置去耦电容可以抑制因负载变化而产生的噪声，是 PCB 可靠性设计的常规做法，配置原则如下：

1) 电源输入端跨接 10~100μF 的电解电容器，通常接 100μF 以上的更好。

2) 原则上每个集成芯片都应布置一个 0.01pF 的瓷片电容，如果 PCB 空间不够，可每 4~8 个芯片布置一个 1~10pF 的钽电容。

3) 对于抗噪声能力弱、关断时电源变化大的元件，如存储器，应在芯片的电源线和地线之间接入去耦电容。

4) 电容引线不能太长，尤其是高频旁路电容不能有引线。

5) 在 PCB 中有接触器、继电器、按钮等元件时，工作时会产生火花放电，必须采用 RC 电路吸收放电电流。一般 R 取 1~2kΩ，C 取 2.2~47μF。

7. 电源线和地线的设计

PCB 的抗干扰能力还与电源线和地线的设计密切相关。

（1）电源线设计 根据 PCB 电流的大小，尽量加宽电源线，减少环路电路；同时使电源线、地线的走向和数据传递的方向一致，这样有助于增强抗噪声能力。

（2）地线设计

1) 数字信号地线与模拟信号地线分开；低频电路的地线应尽量采用单点并联接地，布线确实存在困难的电路可部分串联后再并联接地。高频电路则宜采用多点串联接地，地线应短而粗，高频元件周围尽量用栅格状的大面积覆铜。

2）接地线应尽量加粗。若接地线用细线条，则接地电位随电流的变化而变化，使抗噪声性能降低。因此应将接地线加粗，使其能通过 3 倍于 PCB 的允许电流。如允许，接地线宽度应为 2 ~ 3mm。

3）接地线构成闭环路。只由数字电路组成的 PCB，其接地电路构成闭环能提高抗噪声能力。

7.4 创建 PCB 文件

在 Altium Designer 10 中创建新的 PCB 文件有两种方法：一种是利用 PCB 板向导创建，另一种是利用菜单命令创建。

7.4.1 利用 PCB 板向导创建 PCB 文件

利用 PCB 板向导创建一个 PCB 文件比较方便。

【实例】利用 PCB 板向导创建 PCB 文件

1）启动 PCB 板向导。在 Files 工作面板中找到"从模板新建文件"列表（见图 7-13），单击最下方的"PCB Board Wizard"选项，系统将弹出图 7-14 所示 PCB 板向导界面。

2）单击"下一步"按钮，进入图 7-15 所示对话框，在该对话框中设置 PCB 上使用的尺寸单位（若系统没有汉化，则 Imperial 表示英制，单位为 mil；Metric 表示公制，单位为 mm），此处选中"英制"单选按钮。

3）继续单击"下一步"按钮，进入图 7-16 所示对话框，在左侧列表框中可以选择一种 PCB 模板，也可以选择 Custom 自定义项。此处选择 Custom 选项。

4）继续单击"下一步"按钮，进入图 7-17 所示对话框，可在其中设置 PCB 的各项参数，大部分参数可从字面含义得知，部分复选框参数的具体意义如下：

① "标题块和比例"复选框：若选中该复选框，PCB 文件中将显示标题栏与图纸比例。

② "图例串"复选框：若选中该复选框，则在 PCB 文件中显示图例字符串。

③ "尺寸线"复选框：若选中该复选框，则在 PCB 文件中显示尺寸标注线。

图 7-13　Files 工作面板

④ "切掉拐角"复选框：该复选框只有在选择电路板外形为矩形时才有效。若选中该复选框，则可在电路板的四周截去矩形角，如图 7-18 所示。

⑤ "切掉内角"复选框：该复选框只有在选择电路板外形为矩形时才有效。若选中该

图 7-14　PCB 板向导界面

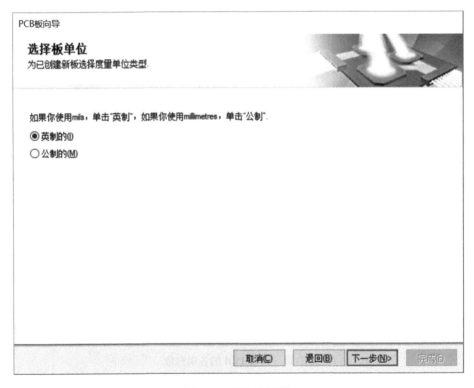

图 7-15　设置板单位

图 7-16　设置 PCB 模板

图 7-17　设置 PCB 的各项参数

复选框，则可在电路板内部挖掉一小矩形（见图 7-19），在布线时，该小矩形内是禁止布线的。

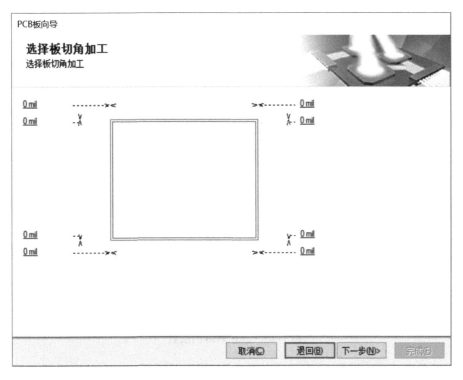

图 7-18 设置"切掉拐角"

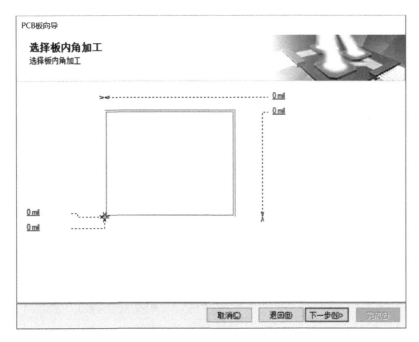

图 7-19 设置"切掉内角"

5）继续单击"下一步"按钮，进入图 7-20 所示对话框，可在其中设置信号层的层数和电源平面的层数。

图 7-20　设置 PCB 的层数

6）继续单击"下一步"按钮，进入图 7-21 所示对话框，可在其中设置过孔的类型，此处选择过孔类型为"仅通孔的过孔"。

图 7-21　设置过孔类型

7）继续单击"下一步"按钮，进入图 7-22 所示对话框，可在该对话框中设置元件和布线工艺。电路板主要采用表面装配元件还是通孔元件：如果是通孔元件，则还需要设计

"临近焊盘两边线数量"（有三种选择：一个轨迹，两个轨迹，三个轨迹）；如果是表面装配元件，则还应设置本电路板是双面且都可以放置元件，或仅有一面可以放置元件。

图 7-22　设置元件和布线工艺

8）继续单击"下一步"按钮，进入图 7-23 所示对话框，可在该对话框中设置"最小轨迹尺寸""最小过孔宽度""最小过孔孔径大小"和"最小间隔"4 个参数。

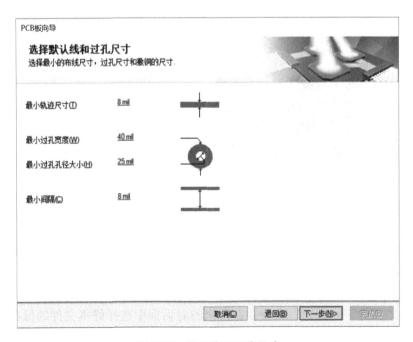

图 7-23　设置线和过孔尺寸

9）单击"下一步"按钮，进入图 7-24 所示对话框，再单击"完成"按钮完成 PCB 文件参数设置，此时生成"PCB1. PcbDoc"文件并启动 PCB 编辑器，如图 7-25 所示。

图 7-24　完成 PCB 的生成设置

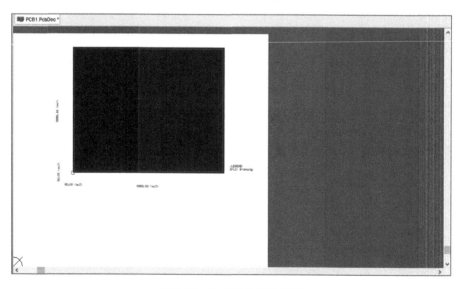

图 7-25　生成的文件及界面

10）选择"文件"→"保存"命令，在弹出的对话框中选择好本文件的保存路径，单击"保存"按钮，完成文件保存。

7.4.2　利用菜单命令创建 PCB 文件

选择"文件"→"新的"→"PCB"命令，将直接进入 PCB 编辑界面，同时创建了一个文件名为"PCB1. PcbDoc"的 PCB 文件，后续可通过编辑器中的菜单命令设置电路板的所有参数。然后重复 7.4.1 节步骤 10）操作进行保存操作。

如果是创建新 PCB 文件，建议尽量使用 PCB 板向导创建，而不要采用菜单命令创建。因为利用 PCB 板向导创建的 PCB 文件，可确保设计者不会遗漏参数的设置。

7.5　PCB 编辑器

利用 Altium Designer 10 进行 PCB 图的设计是在 PCB 编辑器中进行的，本节将主要介绍 PCB 编辑器的工作环境。

7.5.1　启动 PCB 编辑器

启动 PCB 编辑器主要有两种方法：一种方法是通过新建 PCB 文档启动，第二种方法是通过打开已建立的 PCB 文档启动。

1. 新建 PCB 文档

Altium Designer 10 的 PCB 文档一般位于项目文件之下，建立 PCB 文档之前应先创建项目文件，具体步骤如下：

1）创建项目文件，选择"文件"→"新的"→"工程"→"PCB 工程"命令，就会出现新建的项目文件，默认文件名为"PCB_ Project l. PrjPCB"。

2）创建 PCB 文档，创建方法参照 7.4 节所讲内容。启动命令后，进入图 7-26 所示 PCB 编辑器界面。

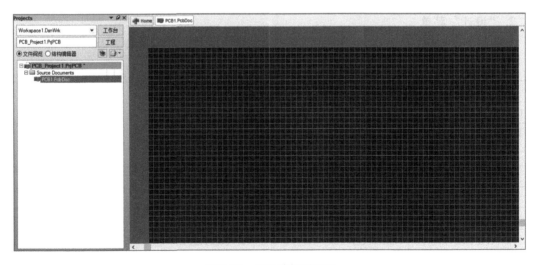

图 7-26　PCB 编辑器界面

2. 打开 PCB 文档

如果 PCB 文档已经建立，可以通过打开 PCB 文档来启动 PCB 编辑器，打开方法有两种：一是选择"文件"→"打开"命令，打开 PCB 文档所在的项目文件；二是在 Projects 面板中双击要打开的 PCB 文档图标。

7.5.2 常用菜单

PCB 编辑环境下菜单栏的内容和原理图编辑环境下菜单栏的内容相似，如图 7-27 所示，利用菜单栏可以完成对 PCB 的各种编辑操作。本节将介绍几个 PCB 编辑器特有的菜单命令。

| DXP | 文件(F) | 编辑(E) | 察看(V) | 工程(C) | 放置(P) | 设计(D) | 工具(T) | 自动布线(A) | 报告(R) | 窗口(W) | 帮助(H) |

图 7-27 Altium Designer 10 主菜单栏

1. "放置"菜单

"放置"菜单提供了 PCB 编辑器中放置各种对象的功能，其功能介绍见表 7-1。

表 7-1 "放置"菜单功能介绍

命 令	命 令 解 释	命 令	命 令 解 释
圆弧（中心）	圆心放置圆弧	过孔	放置过孔
圆弧（边沿）	边沿法放置圆弧	交互式布线	交互式布线
圆弧（任何角度）	边沿法放置任意角度的圆弧	器件	放置元件
圆环	放置圆	坐标	放置坐标
填充	放置矩形填充	尺寸	放置尺寸标注
实心区域	放置实心区域	内嵌板阵列	放置内嵌电路板
走线	放置走线	多边形敷铜	放置敷铜平面
字符串	放置字符串	多边形填充挖空	多边形无敷铜
焊盘	放置焊盘	禁止布线	放置禁止布线区域

2. "设计"菜单

"设计"菜单提供了对 PCB 的各种高级编辑功能，其功能介绍见表 7-2。

表 7-2 "设计"菜单功能介绍

命 令	命 令 解 释	命 令	命 令 解 释
Update Schematice in X	更新原理图	Room 空间	编辑 Room 空间
Import Changes from X	从原文件引入变化	类	编辑对象类
规则	设计规则	浏览器件	浏览元件
规则向导	运行设计规则向导	追加/移除库	追加/删除库文件
PCB 形状	编辑 PCB 形状	生成 PCB 库	由 PCB 生成 PCB 库
网络表	编辑网络表	生成集成库	生成集成库
层叠管理	层堆栈管理器	板参数选项	编辑 PCB 设计参数
板层颜色	设置 PCB 的板层颜色	—	—

3. "工具"菜单

"工具"菜单提供了对 PCB 的各种后期编辑功能，其功能介绍见表 7-3。

表 7-3　"工具"菜单功能介绍

命　　令	命　令　解　释
设计规则检查	运行设计规则检查
复位错误标记	重置错误标记
多边形填充	编辑敷铜
器件布局	编辑所放置的元件
取消布线	取消 PCB 布线
密度图	密度分析
重新标注	重新注释
FPGA 信号管理器	FPGA 引脚转换
交叉探针	快速定位文件中的错误
交叉选择模式	切换快速交叉选择模式
转换	转换 PCB 对象
滴泪	设置泪滴焊盘
网络等长	匹配网络长度
层叠图例	层堆栈符号
测试点管理器	查找并设定测试点
优先选项	配置系统优先选定

169

4. "自动布线"菜单

"自动布线"菜单提供了各种自动布线功能，其功能介绍见表 7-4。

表 7-4　"自动布线"菜单功能介绍

命　　令	命　令　解　释
全部	对电路板全部对象自动布线
网络	自动布置指定网络中的全部连线
网络线	自动布线网络类
类	自动布置指定的焊盘之间的连线
区域	区域自动布线
Room	对位于 Room 空间中的全部连接自动布线
元件	对于选定与元件的焊盘相连的连接自动布线
器件类	对器件类连接进行自动布线
选中对象的连接	对选择的对象自动布线
选择对象之间的连接	在选择的对象之间自动布线
扇出	元件的引脚打孔
设置项	设置自动布线器
停止	停止布线器
复位	重置布线器
Pause（暂停）	暂停自动布线

5. "报告"菜单

"报告"菜单提供了生成 PCB 各种报表和测量信息的功能，其功能介绍见表 7-5。

表 7-5 "报告"菜单功能介绍

命 令	命令解释	命 令	命令解释
板子信息	生成 PCB 信息报告	测量距离	测量两点间的距离
Bill of Materials	生成元件报表	测量	测量两图元对象间的距离
项目报告	生成项目报告	测量选择对象	测量选择的短线段的长度
网络表状态	生成网络表状态报告	—	—

7.5.3 常用工具

Altium Designer 10 的 PCB 编辑器提供了丰富的工具栏，下面介绍几个常用工具栏："PCB 标准"工具栏、"过滤器"工具栏、"应用程序"工具栏、"布线"工具栏、"导航"工具栏。

1. "PCB 标准"工具栏

"PCB 标准"工具栏为 PCB 文件提供基本的操作功能，如创建、保存、缩放等，如图 7-28 所示，表 7-6 列出了该工具栏各个按钮的命令解释，有以下两种方法调用或隐藏该工具栏：

1）菜单栏："察看"→"工具栏"→"PCB 标准"。

2）工具栏：在菜单栏的空白处右键单击，在弹出的菜单中选择"PCB 标准"命令。

图 7-28 "PCB 标准"工具栏

表 7-6 "PCB 标准"工具栏各个按钮的命令解释

按 钮	命令解释	按 钮	命令解释
	打开任何文件		复制
	打开已存在文件		粘贴
	保存当前文件		橡皮图章
	直接打印当前文件		选择区域内部
	生成当前文件的打印预览		移动选择
	打开元件视图页面		取消所有选定
	打开 PCB 发布视图		清除当前过滤器
	适合文件显示		取消
	适合整个区域		重做
	缩放选择的对象		对文件进行交叉探测
	放大显示过滤对象		浏览元件
	剪切	Altium Standard 2D	选择新的 PCB 观察设置

2. "过滤器"工具栏

"过滤器"工具栏如图 7-29 所示，表 7-7 列出了该工具栏各个按钮的命令解释，有以下两种方法调用或隐藏该工具栏：

1）菜单栏："察看"→"工具栏"→"过滤器"。

2）工具栏：在菜单栏的空白处右键单击，在弹出的菜单中选择"过滤器"命令。

图 7-29　"过滤器"工具栏

表 7-7　"过滤器"工具栏各个按钮的命令解释

按　　钮	命　令　解　释
⋮　▼	使用过滤器选择网络
▼	使用过滤器选择元件
(All)　　▼	选择过滤器
⚲	适合过滤的对象
✗	清除当前过滤器

171

3. "应用程序"工具栏

"应用程序"工具栏如图 7-30 所示，有以下两种方法调用或隐藏该工具栏：

1）菜单栏："察看"→"工具栏"→"应用程序"。

2）工具栏：在菜单栏的空白处右键单击，在弹出的菜单中选择"应用程序"命令。

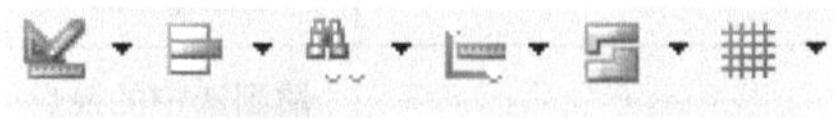

图 7-30　"应用程序"工具栏

"应用程序"工具栏中，第一个"应用工具"系列按钮提供了放置走线、圆弧、坐标、原点等操作命令。表 7-8 列出了该系列各个按钮的命令解释。

表 7-8　"应用程序"按钮的命令解释

按　　钮	命　令　解　释	按　　钮	命　令　解　释
╱	放置走线	+10,10	放置坐标
10╱	放置标准尺寸	⊗	设置原点
⌒	从中心放置圆弧	⌒	通过边缘放置圆弧
◎	放置圆环	▦	阵列式粘贴

"排列工具"系列按钮提供了左对齐、右对齐、中心对齐等多种元件封装位置调整功能。表 7-9 列出了该系列各个按钮的命令解释。

表7-9 "排列工具"按钮的命令解释

按　钮	命令解释	按　钮	命令解释
	以左边沿对齐元件		使元件的竖直间距相等
	以水平中心对齐元件		增大元件的竖直间距
	以右边沿对齐元件		减小元件的竖直间距
	使元件的水平间距相等		在 Room 内排列元件
	增大元件的水平间距		在区域内排列元件
	减小元件的水平间距		移动选中的元件到栅格上
	以顶对齐元件		元件联合管理
	竖直中心对齐元件		元件对齐
	以底对齐元件	—	—

"发现选择"系列按钮用来查找所有标记为 Selection 的电气符号（Primitive），以供用户选择。表7-10 列出了该系列各个按钮的命令解释。

表7-10 "发现选择"按钮的命令解释

按　钮	命令解释	按　钮	命令解释
	跳到选中的第一个对象		跳到选中的第一个分组
	跳到选中的前一个对象		跳到选中的前一个分组
	跳到选中的下一个对象		跳到选中的下一个分组
	跳到选中的最后一个对象		跳到选中的最后一个分组

"放置尺寸"系列按钮可以在 PCB 图上进行各种方式的尺寸标注。表7-11 列出了该系列各个按钮的命令解释。

表7-11 "放置尺寸"按钮的命令解释

按　钮	命令解释	按　钮	命令解释
	放置线尺寸		放置角度尺寸
	放置径向尺寸		放置引线尺寸
	放置数据尺寸		放置基线尺寸
	放置中心尺寸		放置直径尺寸
	放置半径尺寸		放置标准尺寸

"放置 Room"系列按钮用来放置各种形式的 Room 空间。表7-12 列出了该系列各个按钮的命令解释。

表 7-12　"放置 Room"按钮的命令解释

按　钮	命 令 解 释	按　钮	命 令 解 释
	放置矩形 Room		从元件产生非直角的 Room
	放置多边形 Room		从元件产生矩形的 Room
	复制 Room 格式		切割 Room
	从元件产生直角的 Room	—	—

"栅格"命令用来切换、设置栅格，如图 7-31 所示。

4. "布线"工具栏

"布线"工具栏如图 7-32 所示，表 7-13 列出了该工具栏各个按钮的命令解释，有以下两种方法调用或隐藏该工具栏：

1）菜单栏："察看"→"工具栏"→"布线"。

2）工具栏：在菜单栏的空白处右键击，在弹出的菜单中选择"布线"命令。

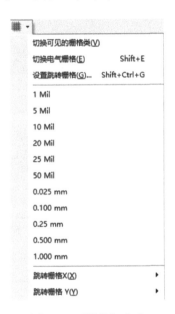

图 7-31　"栅格"命令　　　　　　　　图 7-32　"布线"工具栏

表 7-13　"布线"工具栏按钮的命令解释

按　钮	命 令 解 释	按　钮	命 令 解 释
	交互式布线连接		通过边沿放置圆弧
	交互式布多根线连接		放置填充
	交互式布差分对连接		放置多边形平面
	放置焊盘	A	放置字符串
	放置过孔		放置元件

5. "导航"工具栏

"导航"工具栏如图 7-33 所示,与原理图编辑器的工具栏一样,此处不再详述。

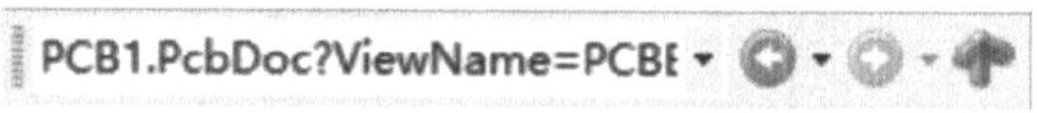

7.5.4 窗口管理

Altium Designer 10 可以同时编辑多个工
程文件,在不同工程文件下,多个文件窗口

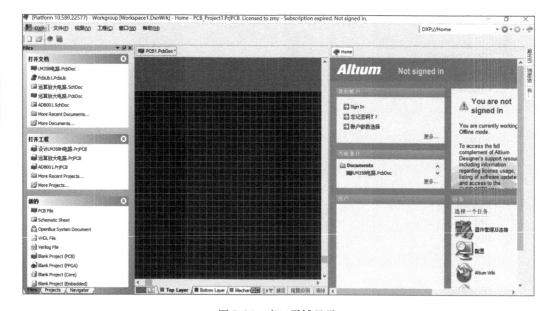

图 7-33 "导航"工具栏

之间可以方便地进行切换。同时,Altium Designer 10 还提供了同一工程文件下不同文件的窗口管理功能,其中包括窗口平铺显示、窗口水平层叠显示、窗口竖直层叠显示、窗口切换、关闭文件。

1. 窗口平铺显示

在 Altium Designer 10 中,选择"窗口"→"平铺"命令,可以将多个工程文件的工作窗口平铺显示在一个屏幕中,如图 7-34 所示。

图 7-34 窗口平铺显示

2. 窗口水平层叠显示

在 Altium Designer 10 中,选择"窗口"→"水平平铺"命令,可以将多个工程文件的工作窗口水平层叠显示在一个屏幕中。

3. 窗口竖直层叠显示

在 Altium Designer 10 中,选择"窗口"→"垂直平铺"命令,可以将多个工程文件的工作窗口竖直层叠显示在一个屏幕中。

4. 窗口切换

如果想从一个窗口切换到另外一个窗口,可以直接将鼠标移到该窗口内,然后单击鼠标左键即可,或者从"窗口"菜单中用鼠标选中所要的窗口,如图 7-35 所示。

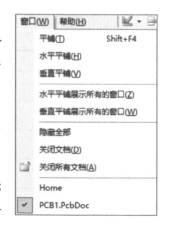

图 7-35 窗口切换

5. 关闭文件

选择"窗口"→"关闭文档"或者"关闭全部文件"命令，可以关闭当前窗口或所有窗口。

7.6　设置 PCB 的环境参数

在使用 PCB 编辑器绘制 PCB 图之前，应对其环境参数进行设置，使系统满足设计者的要求。启动 PCB 图的环境参数设置命令有以下两种方法：

1）菜单："工具"→"优先选项"。

2）工作区：鼠标右键单击→"选项"→"优先选项"。

"参数选择"对话框如图 7-36 所示，包括 General、Display、Board Insight Display、Board Insight Modes、Defaults、Models 等多个选项卡，此处简要介绍几个选项卡。

图 7-36　"参数选择"对话框

7.6.1　General 选项卡

此处仅介绍该选项卡中的 4 个选项组：

1）"编辑选项"选项组中有 11 个复选框，其意义见表 7-14。

表 7-14 "编辑选项" 选项组设置意义

复 选 框	解 释
在线 DRC	选中该复选框，则在进行 PCB 布线时，系统实时在后台进行 DRC 检验；手工调整时，一旦违反 DRC 规则，系统将立刻用 DRC 校验错误层的颜色显示错误的地方
Snap To Center	选中该复选框，则在选择元件时，光标将自动跳到该元件的中心点，可能是元件的位置中心，也可能是元件的第一引脚，这与元件制作时设定的基准点有关
智能元件 Snap	选中该复选框，移动元件时可以捕捉元件的任意焊盘为参考点
双击运行检查	选中该复选框，则在 PCB 编辑器中双击元件、导线或焊盘等图元时，系统将弹出该图元的检查面板 Inspector；如果不选中该复选框，则双击时会出现该图元的属性窗口
移除复制品	选中该复选框，系统将自动删除 PCB 上元件序号重复的元件
确认全局编译	选中该复选框，则在 PCB 编辑器中进行全局操作时会给出确认信息
保护锁定的对象	选中该复选框，则在对那些选择 Locked 属性的图元进行操作时，系统将给出确认信息，以保护被锁定的对象
确定被选存储清除	选中该复选框，用来确认选择存储器被清空
单击清除选项	选中该复选框，则当选择电路板组件时，系统不会取消原来选中的组件，连同新选中的组件一起处于选中状态
移动点击到所选	选中该复选框，则选择多个元件时，需要按〈Shift〉键
智能 TrackEnds	选中该复选框，则在对图元对象进行操作时，指针会自动捕获小的图元对象

2）"Other" 选项组用来设置光标类型、元件移动等属性，其意义见表 7-15。

表 7-15 "Other" 选项组设置意义

设 置 项	解 释
撤销　重做	设置 Undo（撤销）和 Redo（重做）的最多次数，系统默认值为 30
旋转步骤	设置旋转角度，设置一次旋转操作转过的角度，系统默认值为 90°
指针类型	设置光标类型，系统提供三种类型：Small 90、Small 45 和 Large 90
比较拖拽	设置元件拖动的类型：none 表示移动元件时，与之连接的导线不移动；Connected Task 表示移动元件时，与之连接的导线也跟着移动

3）"自动水平扫描选项" 选项组用来设置自动移动功能，系统提供了如下 7 种移动模式，并可设置其移动速度和移动速度单位：

① Adaptive 模式：自适应模式，系统将根据当前图形的位置自适应选择移动方式。

② Disable 模式：取消移动功能。

③ Re-Center 模式：当光标移到编辑区边缘时，系统将光标所在的位置设置为新的编辑区中心。

④ Fixed Size Jump 模式：当光标移到编辑区边缘时，系统将以 "步长" 的设定值为移动量向未显示的部分移动；当按〈Shift〉键后，系统将以 "切换步骤" 的设定值为移动量向未显示的部分移动。

⑤ Shift Accelerate 模式：当光标移到编辑区边缘时，如果 "切换步骤" 的设定值比 "步长" 的设定值大，系统将以 "步长" 的设定值为移动量向未显示的部分移动；当按

〈Shift〉键后，系统将以"切换步骤"的设定值为移动量向未显示的部分移动。如果"切换步骤"的设定值比"步长"的设定值小，无论按不按〈Shift〉键，系统都将以"切换步骤"的设定值为移动量向未显示的部分移动。

⑥ Shift Decelerate 模式：当光标移到编辑区边缘时，如果"切换步骤"的设定值比"步长"的设定值大，系统将以"切换步骤"的设定值为移动量向未显示的部分移动；当按〈Shift〉键后，系统将以"步长"的设定值为移动量向未显示的部分移动。如果"切换步骤"的设定值比"步长"的设定值小，无论按不按〈Shift〉键，系统都将以"切换步骤"的设定值为移动量向未显示的部分移动。

⑦ Ballistic 模式：当光标移到编辑区边缘时，越往编辑区边缘移动，移动的速度越快，系统默认的移动模式为 Fixed Size Jump 模式。

4）"重新铺铜"选项组用来设置交互布线中避免障碍和推挤的布线方式，如图 7-37 所示。

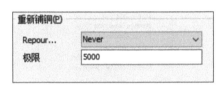

图 7-37 "重新铺铜"选项组

当多边形被移动时，它可以自动或根据设置调整以避免障碍。"重新铺铜"选项组提供有 Always、Never 和 Threshold 三种方式。如果选择"Always"选项，则在已铺铜的 PCB 中修改走线时，铺铜会自动重覆；如果选择"Never"选项，则不采用任何推挤布线方式；如果选择"Threshold"选项，则设置了一个避免障碍的"阈值"，只有超过了该值，铺铜区才被推挤。

7.6.2　Display 选项卡

该选项卡如图 7-38 所示。

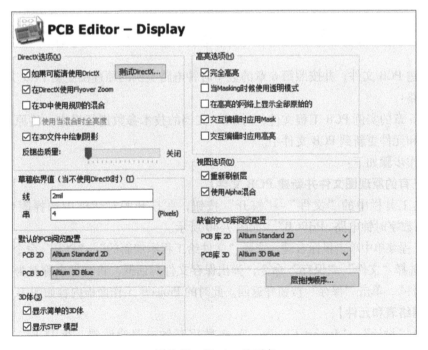

图 7-38　Display 选项卡

7.6.3 Defaults 选项卡

该选项卡如图 7-39 所示。

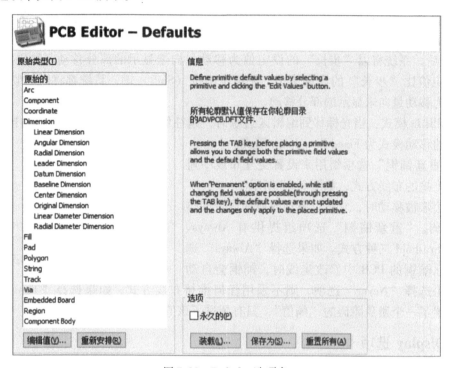

图 7-39　Defaults 选项卡

7.7　综合实例——手动新建 PCB 文件并更新该文件

手动新建 PCB 文件，并按照第 6 章的数字时钟电路实例的原理图更新 PCB 文件。

设计思路：

打开第 6 章的实例 PCB 工程文件，对 PCB 文档的技术参数进行设定，将原理图文档里的网络连接和元件更新到 PCB 文件中。

具体操作步骤如下：

【打开已有的原理图文件并新建 PCB 文件】

1）单击工具栏中的"文件"→"打开"按钮，在打开的对话框中选择附带光盘中的"实例\CH6\数字时钟电路 . PrjPCB"，如图 7-40 所示。

2）在工程菜单中单击鼠标右键，选择"文件给工程添加新的"→"PCB"命令，新建一个 PCB 项目。选择"文件"→"保存"命令，弹出保存文件对话框，将文件名称改为"数字时钟电路 PCB 文件"，单击"保存"按钮并返回。此时的 Projects 工作面板内容如图 7-41 所示。

【加载网络表和元件】

3）选择"设计"→"Import Changes From 数字时钟电路滤波器 . PRJPCB"命令，打开图 7-42 所示"工程更改顺序"对话框。

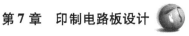

图 7-40　打开项目工程文件

图 7-41　Projects 工作面板

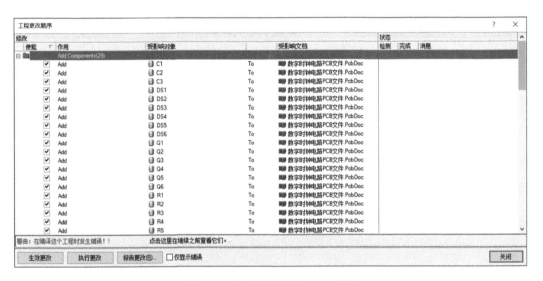

图 7-42　"工程更改顺序"对话框

4）单击"生效更改"按钮检查所有更改是否有效，如图 7-43 所示。然后单击"执行更改"按钮，在 PCB 工作区内执行所有更改操作。

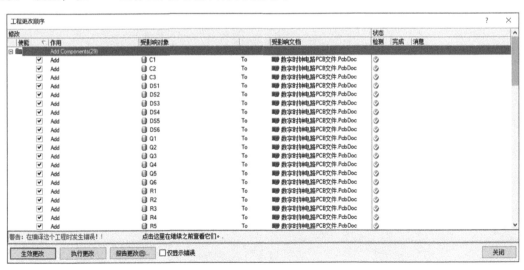

图 7-43　执行"生效更改"

5）单击"关闭"按钮，返回 PCB 编辑工作环境，此时工作区内容如图 7-44 所示。选择"文件"→"保存"命令对文件进行保存，布局和布线等操作将在后边的章节中学习，本次实例操作到此结束。

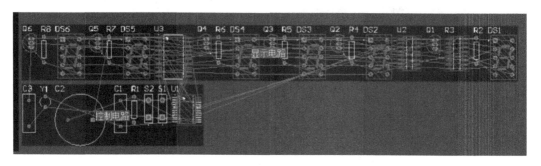

图 7-44　加载电气信息后 PCB 的工作区内容

习　题

7-1　简述 PCB 的分类。

7-2　说明 PCB 设计的基本流程。

7-3　简述 PCB 设计中的布线原则。

7-4　简述 PCB 文件的创建方法和步骤。

第8章
印制电路板绘制

上一章介绍了 PCB 设计系统的基本操作方法,本章将详细介绍绘制电路板的尺寸、形状和板层的设置,载入网络表与元件,学习 PCB 绘图工具栏,对元件进行布局,进行布线,完成设计规则检查等具体操作。

8.1 手工规划电路板

一般设计的印制电路板都与系统的结构要求密切相关,通常有严格的尺寸和形状要求,因此需要设计人员根据电路板的内容和具体的结构要求确定电路板的大小,即规划电路板尺寸、确定电路板的边框、定义其电气边界。

在进行 PCB 布局之前,先创建一个 PCB 电气边界,从而确定 PCB 的禁止布线边界。通过设置电气边界,可以使整个电路板的元件布局、铜膜和走线都在此边界范围之内操作。定义电路板框在 Keep-Out Layer(禁止布线层)上进行,由 Keep- Out Layer 上的轨迹线决定电路板的电气边界。规划电路板有两种方法:一种是利用 PCB 板向导规划电路板,另一种是手动规划电路板。

如何利用 PCB 板向导规划电路板已经在 7.4.1 节中详细讲解过,此处不再赘述。这里着重介绍如何在电路板设计编辑器中手工规划电路板。

8.1.1 定义电路板尺寸

如果不是利用 PCB 板向导创建 PCB 文件，就需要自定义电路板的形状和尺寸，实际上就是在 Keep-Out Layer 上用直线绘制一个封闭的多边形区域（一般绘制成矩形），多边形内部就是实际印制电路板的大小。

【实例 8-1】 定义电路板尺寸

1）新建 PCB 文件并保存。选择“文件”→“新的”→“PCB”命令，创建一个 PCB 项目文档。选择“文件”→“保存”命令，在弹出的对话框中选择好位置，并对文件名称进行更改，单击“保存”按钮进行保存。

2）单击编辑区下方的 Keep-Out Layer 标签，如果没有显示可以单击图 8-1 右下角的右移符号，直到可以在窗口中显示出“Keep-Out Layer”，鼠标左键单击该标签，即将禁止布线层设置为当前层，如图 8-1 所示。

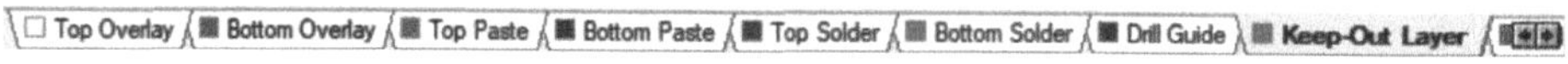

Top Overlay
Bottom Overlay
Top Paste
Bottom Paste
Top Solder
Bottom Solder
Drill Guide
Keep-Out Layer

图 8-1　禁止布线层设置为当前层

3）选择“放置”→“禁止布线区”→“线径”命令，光标将变成十字形。在编辑区适当位置单击，依次绘制多条边，最终形成一个封闭的多边形（一般绘制成矩形），如图 8-2 所示。

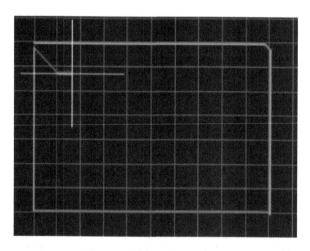

图 8-2　绘制成的电路板边界

线约束
约束
线宽
10mil
当前层
Keep-Out Layer
确定
取消

图 8-3　“线约束”对话框

4）在绘制过程中，按〈Tab〉键，即可打开图 8-3 所示“线约束”对话框。在该对话框中可以设置线的线宽和层面。

5）右键单击工作区或按〈Esc〉键，即可退出布线状态。绘制完成后，双击电路板边界（即导线），系统会弹出图 8-4 所示“轨迹”对话框，在该对话框中可以精确定位并设置线宽和层面及其位置等属性。

欲确定已设置电路板的尺寸是否合适，可以查看电

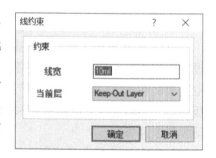

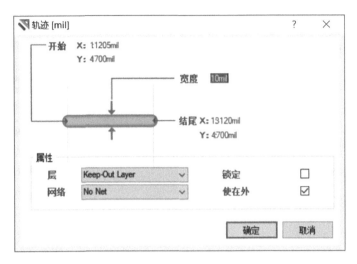

图 8-4 "轨迹"对话框

路板的具体尺寸。查看方法：选择"报告"→"板子信息"命令，弹出"PCB 信息"对话框，如图 8-5 所示，该对话框中所显示数值即为实际 PCB 尺寸，其还可以显示圆弧、焊盘、过孔的数量等信息。

183

8.1.2 定义电路板形状

电路板的形状也可以是不规则的，选择"设计"→"板子形状"→"重新定义板形状"命令，进入自定义界面，重新绘制电路板，如图 8-6 所示，黑色区域为重新定义后的 PCB 形状。

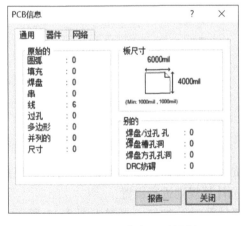

图 8-5 "PCB 信息"对话框

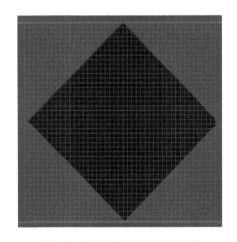

图 8-6 重新定义后的 PCB 形状

8.1.3 定义电路板板层

定义电路板板层可通过两种方式实现：一种是通过选择"设计"→"层叠管理"命令；

另一种是右键单击工作区，在弹出的快捷菜单中选择"选项"→"层叠管理"命令。通过选择上述命令，系统将弹出图 8-7 所示"层堆栈管理器"对话框。

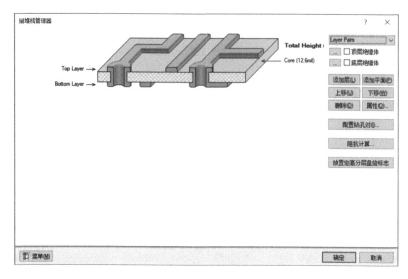

图 8-7 "层堆栈管理器"对话框

【实例 8-2】定义电路板板层

1）在"层堆栈管理器"对话框中，单击左下角的"菜单"按钮，弹出图 8-8 所示菜单选项，由此可以方便地对板层进行设置。

2）双击板层示意图右边的"Core"，弹出图 8-9 所示"电介质工具"对话框，在该对话框中可以对材料、厚度和电介质常数进行设置。

图 8-8 "层堆栈管理器"的菜单选项

图 8-9 "电介质工具"对话框

3）在"层堆栈管理器"对话框中单击"阻抗计算"按钮，弹出图 8-10 所示"阻抗公式编辑器"对话框，此对话框可以对绝缘层的阻抗计算规则进行设置。

4）在"层堆栈管理器"对话框中单击"配置钻孔对"按钮，将弹出图 8-11 所示"钻孔对管理器"对话框，此对话框可以对钻孔起始层和停止层等属性进行设置。

5）在"层堆栈管理器"对话框中选中"顶层绝缘体"或"底层绝缘体"复选框，即可在顶层或底层添加绝缘层，如图 8-12 所示。单击复选框前面的浏览按钮，即可弹出"电介质工具"对话框，以修改绝缘层属性。

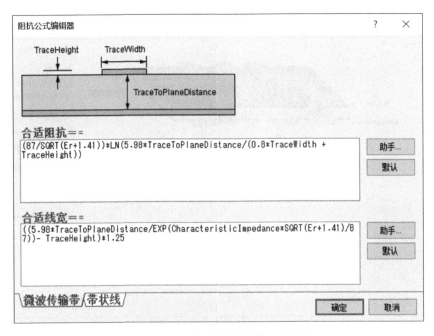

图 8-10　"阻抗公式编辑器"对话框

185

图 8-11　"钻孔对管理器"对话框

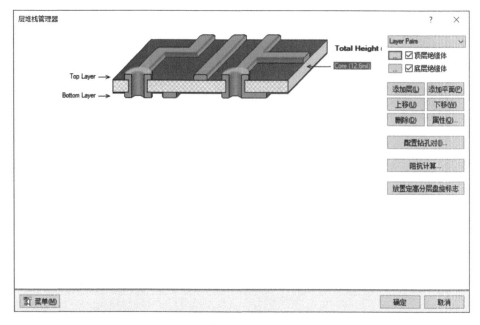

图 8-12　带有绝缘体的"层堆栈管理器"对话框

6）在"层堆栈管理器"对话框中双击示意图上的板层名称，或右键单击示意图上的板层并在弹出的菜单中选择"属性"命令，即可弹出图 8-13 所示"Top Layer properties（顶层属性编辑层）"对话框，此对话框可以进行板层名称和铜厚度的修改。

图 8-13　"顶层属性编辑层"对话框

除上述命令之外，"层堆栈管理器"对话框中还可以设置添加层、添加平面、删除层、移动板层和修改属性等。

8.2　载入网络表与元件

Altium Designer 10 可实现原理图和 PCB 两者同步设计，在 PCB 的设计过程中，不生成网络文件，直接通过单击原理图编辑器内更新 PCB 文件按钮实现网络与元件封装的载入，也可以在 PCB 编辑器内通过从原理图导入来实现网络表与元件封装的载入。

但需要注意的是，在用户转入网络连接与元件封装之前，必须先载入元件封装网络表和元件。本节主要学习元件库的加载以及网络表和元件的加载操作。

8.2.1　加载元件库

PCB 元件库的加载与原理图元件库的加载方法基本相同。

【**实例 8-3**】PCB 元件库的加载

1) 单击工作窗口右边框的"库"按钮（见图 8-14）或选择工作窗口右下方的"System"→"库"命令（见图 8-15），弹出的"库"面板如图 8-16 所示。

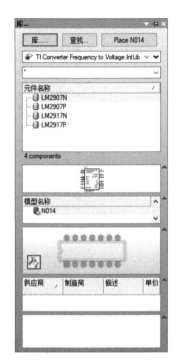

图 8-14　"库"按钮　　　图 8-15　通过"System"调用"库"　　　图 8-16　"库"面板

2) 在"库"面板中单击"库"按钮，系统将弹出"可用库"对话框，如图 8-17 所示。该对话框底部的各按钮的意义如下：

上移（<u>U</u>）：将选中的库文件顺序向上移动，提高了该元件库查询的优先性。

下移（<u>D</u>）：将选中的库文件顺序向下移动，降低了该元件库查询的优先性。

安装（<u>I</u>）：给项目添加元件库。单击该按钮，将弹出"打开"窗口，选择目标元件库并加载到当前已安装目录下。

删除（<u>R</u>）：移除选中的元件库。

3) 单击"关闭"按钮，即可结束本次加载元件库的操作。关闭之后，加载过的库便会自动加载到元件库浏览器列表中。在库的下拉列表中选择所加载的元件库，再从元件库浏览器的元件列表中选择希望放置的元件，单击"Place + 元件名"按钮完成元件的放置。

8.2.2　加载网络表和元件

加载完元件库后，就可以在 PCB 文档中加载网络表和元件。网络表和元件的加载实际上就是将原理图中的数据加载进 PCB 文档的过程。

在加载原理图的网络表与元件之前，应该先编译设计项目，根据编译信息检查该项目的原理图是否存在错误，如果有错误，应及时修正，否则加载网络表和元件到 PCB 文档时会产生错误，而导致加载失败。下面以第 6 章中的数字时钟电路工程为例进行介绍。

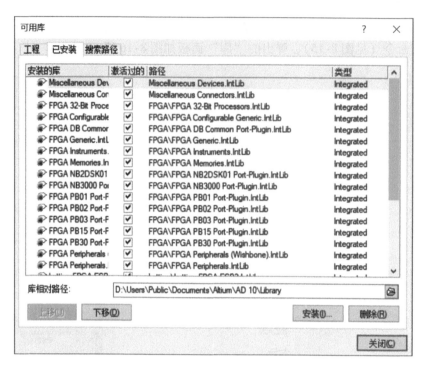

图 8-17 "可用库"对话框

【实例 8-4】加载网络表和元件

1）打开设计好的原理图工程文件"数字时钟电路.PrjPCB"，文件目录如图 8-18 所示。

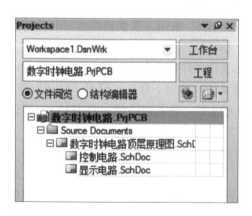

图 8-18 "数字时钟电路.PrjPCB"文件目录

2）在"Projects"面板中单击鼠标右键并选择"给工程添加新的"→"PCB"命令，给工程添加一个 PCB 文件，此时在工作区弹出 PCB 文件"PCB1.PcbDoc"。在菜单栏中选择"文件"→"保存"命令，在弹出的保存对话框中选择好文件的存储位置后，将文件名修改为"数字时钟电路"，然后单击"保存"按钮，完成该 PCB 文件的保存。

3）在 PCB 文件编辑环境下，选择"设计"→"Import Changes From 数字时钟电路.PrjPCB"命令，弹出"工程更改顺序"对话框，如图 8-19 所示。

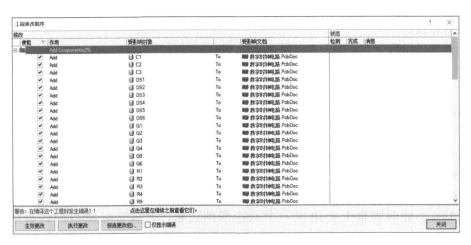

图 8-19 "工程更改顺序"对话框

注意:"Import Changes From XXX. PrjPCB"菜单命令只有在工程项目中才有用,因此必须将原理图文件和 PCB 文件保存到同一个项目中。

4)在"工程更改顺序"对话框中单击"生效更改"按钮,检查工程变化顺序并使工程变化顺序生效。

5)在"工程更改顺序"对话框中单击"执行更改"按钮,接受工程变化顺序,将元件和网络表添加到 PCB 文件中,单击"关闭"按钮,如图 8-20 所示。如果工程更改顺序中存在严重错误,则装载将失败;如果之前没有加载元件库,则装载也会失败。

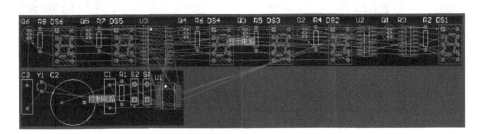

图 8-20 元件和网络表添加到 PCB 文件中

8.3 PCB 绘图工具栏

在进行 PCB 设计时,需要在电路板上添加导线、焊盘、元件等,这些操作都可以通过 Altium Designer 10 中的绘图工具来完成。

8.3.1 放置导线

导线是绘制 PCB 时最常用的图元,它就是 PCB 上的实际连接导线。在 Altium Designer 10 软件中,放置导线的命令有两个,其中"直线"命令只能在某一板层布线,而"交互式布线"命令可以实现不同板层之间的交互布线。使用"交互式布线"命令在布线过程中需要变换板层时，按数字键盘上的〈+〉或者〈-〉键，系统自动放置一个过孔，并翻到另一板层接着布线。

启动放置导线命令的常用方式有以下4种：

1）"配线"工具栏：选择"交互式布线连接"快捷图标。

2）"应用工具"工具栏：选择"放置走线"快捷图标。

3）菜单栏：选择"放置"→"交互式布线"命令。

4）菜单栏：选择"放置"→"走线"命令。

此处以连接两个电阻 R1 和 R2 焊盘间的导线放置为例，说明放置导线的步骤。

【实例8-5】放置导线

1）执行"走线"或"交互式布线"命令后，光标将变成十字形。将光标移至导线起点（即 R1 焊盘2）上，此时焊盘上会出现一个八边形的边框，表示光标捕捉到焊盘中心，如图 8-21 所示。

2）在焊盘中心单击鼠标左键，确定导线起点。移动光标，此时导线自动产生一个 45° 拐角，第一段导线为实心线，表示导线位置已经在当前板层确定，但长度未定；第二段为空心线，表示该段导线只确定了方向而长度和位置均未确定。在选定位置上单击鼠标左键确定第一段导线，如图 8-22 所示。

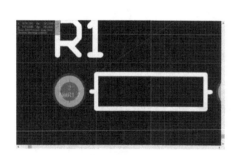

图 8-21 捕捉到焊盘中心

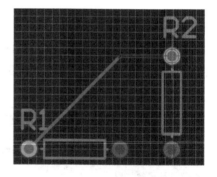

图 8-22 确定一段走线

3）继续移动光标到 R2 的焊盘 1 上，当焊盘上出现八边形框时，表示捕捉到焊盘中心。同样地，导线分成两段，单击鼠标左键完成第二段导线的放置，继续单击最终完成三段导线的绘制。

4）右键单击工作区，完成 R1 和 R2 焊盘间网络导线的放置，导线和当前板层的颜色一致。光标仍为十字形，系统仍然处于布线状态。紧接着可以在其他位置布线，布线完毕后，右键单击工作区或按〈Esc〉键，退出布线状态，如图 8-23 所示。

双击所绘导线将弹出"轨迹"对话框，如图 8-24 所示。可从中设置导线的坐标，导线开始和结尾的点坐标、所在层和所在网络，"锁定"复选框用于设定导线位置是否锁定，"使在外"复选框用于设置导线外部具有禁止布线层。

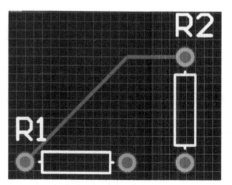

图 8-23 完成导线的绘制

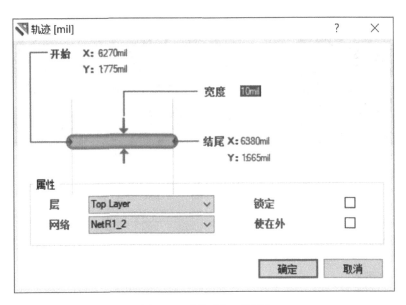

图 8-24　"轨迹"对话框

8.3.2　放置焊盘

放置焊盘是比较常用的操作，如利用焊盘实现元件封装与电路板之间的电气连接。执行放置焊盘命令的常用方式有以下两种：

1）"配线"工具栏：选择"放置焊盘"快捷图标。

2）菜单栏：选择"放置"→"焊盘"命令。

【实例 8-6】放置焊盘

1）执行放置焊盘命令后光标将变成中间带有焊盘的十字形，将光标移至合适位置单击，即可完成一个焊盘的放置，此时还可以继续放置另一个焊盘，如图 8-25 所示。

2）放置完所有焊盘后，可按〈Esc〉键或右键单击工作区退出焊盘放置状态。

3）在放置焊盘的状态下，按〈Tab〉键或

图 8-25　放置焊盘

双击已放置的焊盘，都可以打开"焊盘"对话框，如图 8-26 所示。该对话框可以设置焊盘的位置、孔洞信息、标识、尺寸和外形、所在的层、位置以及电气类型等参数。

8.3.3　放置过孔

过孔的作用是连接 PCB 不同网络层之间相同网络的铜膜走线，从而形成完整的电气特性。根据过孔贯穿板层的方式可以分为穿透式过孔、半盲孔和盲孔三种形式。

执行放置过孔命令的常用方式有以下两种：

1）"配线"工具栏：选择"放置过孔"快捷图标。

2）菜单栏：选择"放置"→"过孔"命令。

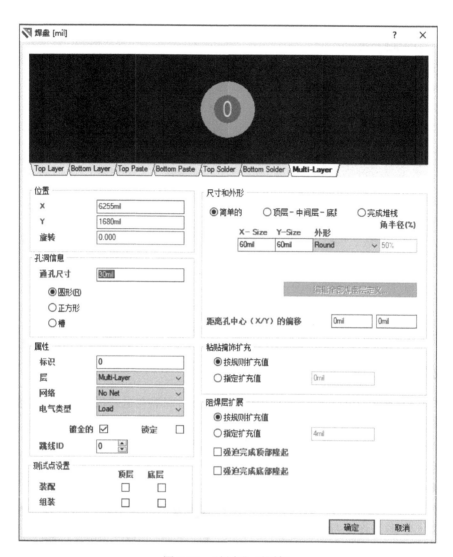

图 8-26 "焊盘"对话框

【实例 8-7】 放置过孔

1) 执行放置过孔命令后,光标将变成中间带有过孔的十字形,将光标移至合适位置单击,即可完成一个过孔的放置,此时还可以继续放置其他过孔,如图 8-27 所示。

2) 放置完所有过孔后,可按〈Esc〉键或右键单击工作区退出过孔放置状态。

3) 在放置过孔的状态下,按〈Tab〉键或双击已放置的过孔,都可以打开"过孔"对话框,图 8-28 所示。该对话框可以设置过孔的通孔直径、坐标、网络以及起始层和结束层等参数。

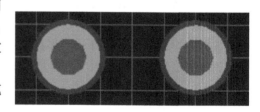

图 8-27 放置过孔

图 8-28　"过孔"对话框

8.3.4　放置字符串

Altium Designer 10 提供了放置字符串的命令，用于必要的文字标注，如元件型号、制版日期等。字符串是不具有任何电气特性的图元，对电路的电气连接关系没有任何影响，只起提醒设计人员的作用。字符串可以放置在任何层中，但作为标注文字，一般放置在丝印层，即顶层丝印层或底层丝印层。

执行放置字符串命令的常用方式有以下两种：

1）"配线"工具栏：选择"放置字符串"快捷图标。

2）菜单栏：选择"放置"→"字符串"命令。

【实例 8-8】放置字符串

1）执行放置字符串命令后，光标将变成十字形，并浮动着系统默认的字符串"String"，将光标移至合适位置单击，即可完成一个字符串的放置，此时还可以继续放置其他字符串，如图 8-29 所示。

图 8-29　放置字符串

2）放置完所有字符串后，可按〈Esc〉键或右键单击工作区退出字符串放置状态。

3）在放置字符串的状态下，按〈Tab〉键或双击已放置的字符串，都可以打开"串"

对话框，如图 8-30 所示。该对话框可以设置字符串的高度、线型宽度、旋转角度、坐标位置和文本内容等参数。

图 8-30　"串"对话框

8.3.5　放置坐标

设计人员可以将光标当前所在位置的坐标放置在工作平面上以供参考，坐标与字符串一样不具有任何电气特性，只是起到显示当前鼠标所在位置与坐标原点之间的距离的作用。

执行放置坐标命令的常用方式有以下两种：

1）"应用工具"工具栏：选择"应用工具"→"放置坐标"快捷图标。

2）菜单栏：选择"放置"→"坐标"命令。

【实例 8-9】放置坐标

1）执行放置坐标命令后，光标将变成十字形，并浮动着坐标，坐标值随着光标的移动而变化，将光标移至合适位置单击，即可完成个坐标的放置，此时还可以继续放置另一个坐标，如图 8-31 所示。

2）放置完坐标后，可按〈Esc〉键或右键单击工作区退出坐标放置状态。

3）在放置坐标的状态下，按〈Tab〉键或双击已放置的坐标，都可以打开坐标的"调整"对话框，如图 8-32 所示。该对话框可以设置坐标文字的高度和线型宽度、坐标指示十字符号的线宽和大小、坐标指示十字符号的坐标位置、坐标文字所在的板层以及单位样式等参数。

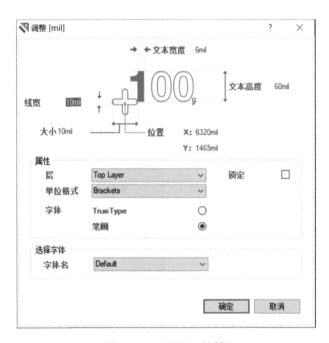

图 8-31　放置坐标

图 8-32　"调整"对话框

8.3.6　放置尺寸标注

在 PCB 设计过程中，处于方便制板的考虑，通常需要标注某些尺寸的大小。尺寸标注同样不具有电气特性，只起提醒用户的作用。

执行放置尺寸标注命令的常用方式有以下两种：

1）"应用工具"工具栏：选择"应用工具"→"放置标准尺寸"快捷图标。

2）菜单栏：选择"放置"→"尺寸"→"尺寸"命令。

【实例 8-10】放置尺寸标注

1）执行放置尺寸标注命令后，光标将变成十字形，并浮动着两个相对的箭头，如图 8-33 所示。

2）将光标移到适合位置单击鼠标左键，确定标注的起点，然后再移动光标至合适位置单击确定标注的终点，完成一个尺寸标注的放置。

3）放置完尺寸标注后，可按〈Esc〉键或右键单击工作区退出尺寸标注放置状态。

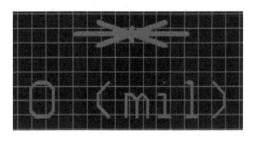

图 8-33　放置尺寸标注状态

4）在放置尺寸标注的状态下，按〈Tab〉键或双击已放置的尺寸标注，都可以打开"尺寸"对话框，如图 8-34 所示。该对话框可以设置尺寸标注开始和结束的坐标、标注线的宽度、字符线的宽度、标注界线的高度等参数。

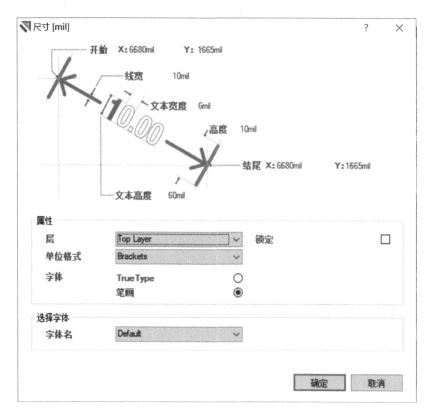

图 8-34 "尺寸"对话框

8.3.7 放置相对原点

在 Altium Designer 10 软件中，原点可分为绝对原点和相对原点。绝对原点又称为系统原点，位于 PCB 编辑区的左下角，其位置是固定不变的；相对原点是由绝对原点定位的一个坐标原点，其位置可以由设计人员自己设定。刚进入 PCB 编辑器时，工作区的绝对原点与相对原点是重叠的，在设计 PCB 过程中，状态栏中指示的坐标值根据相对原点来确定的，因此使用相对原点可以给电路板设计带来很多方便。

执行放置原点命令的常用方式有以下两种：

1）"实用工具"工具栏：选择"应用工具"→"设置原点"快捷图标。

2）菜单栏：选择"编辑"→"原点"→"设置"命令。

【实例 8-11】放置原点

1）执行放置原点命令后，光标将变成十字形，只要将光标移到要设定相对原点的位置上单击，即可完成相对原点的放置。

2）当不需要相对原点时，选择"编辑"→"原点"→"复位"命令，即可删除已放置的相对原点，即相对原点重新和绝对原点重合。

8.3.8 放置圆弧

Altium Designer 10 提供了 4 种绘制圆弧（圆）的方法："圆弧（中心）""圆弧（边沿）""圆弧（任意角度）"和"圆环"。下面介绍这 4 种方法的操作步骤。

1. 利用"圆弧（中心）"放置圆弧

放置圆弧的"圆弧（中心）"命令是以圆心为基准来绘制和放置圆弧导线的。

【实例 8-12】 利用"圆弧（中心）"放置圆弧

1）在菜单栏中选择"放置"→"圆弧（中心）"命令或者在工具栏中选择"应用工具"→"从中心放置圆弧"命令，启动放置圆弧命令。

2）启动该命令后，光标将变成十字形，将光标移至合适位置，单击鼠标左键确定圆弧的中心。

3）移动光标，工作区中即会随着光标显示出一个圆；移动到合适大小时单击鼠标左键，同时光标自动移到该圆右侧水平半径处，如图 8-35 所示。

4）移动光标，在圆弧的起始位置单击完成圆弧放置，右键单击工作区退出放置圆弧放置状态，如图 8-36 所示。

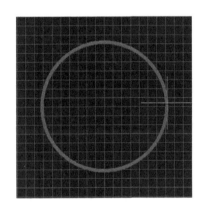

图 8-35 确定圆弧半径

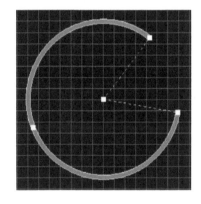

图 8-36 中心法圆弧放置

2. 利用"圆弧（边沿）"放置圆弧

放置圆弧的"圆弧（边沿）"命令是以圆弧边界（起点和终点）为基准来绘制和放置圆弧。

【实例 8-13】 利用"圆弧（边沿）"放置圆弧

1）在菜单栏中选择"放置"→"圆弧（边沿）"命令或者在工具栏中选择"通过边沿放置圆弧"快捷图标，启动放置圆弧命令。

2）启动该命令后，光标将变成十字形，将光标移至合适位置，单击鼠标左键确定圆弧的起点。

3）移动光标，工作区中即会随着光标显示出一个虚线圆和圆弧；移动到合适位置时单击鼠标左键，确定圆弧终点位置，右键单击工作区退出放置圆弧状态。

3. 利用"圆弧（任意角度）"放置圆弧

放置圆的"圆弧（任意角度）"命令是以圆弧边界（起点）和圆心为基准来绘制和放

置圆弧。

【**实例 8-14**】利用"圆弧（任意角度）"放置圆弧

1）在菜单栏中选择"放置"→"圆弧（任意角度）"命令或者在工具栏中选择"应用工具"→"通过边沿放置圆弧（任意角度）"命令，启动放置圆弧命令。

2）启动该命令后，光标将变成十字形，将光标移至合适位置，单击鼠标左键确定圆弧的起点。

3）移动光标，工作区中即会随着光标显示出一个圆，圆心和半径均随光标的移动而改变；动到合适大小时单击鼠标左键，确定圆弧圆心和半径，同时光标自动移到该圆右侧水平半径处。

4）将光标移至圆弧的终点处单击鼠标左键，完成圆弧放置，右键单击工作区退出放置圆弧状态。

4. 利用"圆环"放置圆

放置圆的"圆环"命令是以圆心为基准来绘制和放置圆。

【**实例 8-15**】利用"圆环"放置圆

1）在菜单栏中选择"放置"→"圆环"命令或者在工具栏中选择"实用工具"→"放置圆环"命令，启动放置圆命令。

2）启动该命令后，光标将变成十字形，将光标移至合适位置，单击鼠标左键确定圆心。

3）移动光标，工作区中即会随着光标显示出一个圆；移动到合适大小时单击鼠标左键，确定圆半径，即可完成圆的放置，右键单击工作区退出放置圆状态。

在放置圆弧或圆的状态下，按〈Tab〉键或双击已放置的圆弧或圆，都可以打开圆弧"Arc"对话框，如图 8-37 所示。该对话框可以设置圆弧起点角度、圆弧半径、圆弧宽度、圆弧中心坐标、文字所在板层、圆弧所在网络等参数。

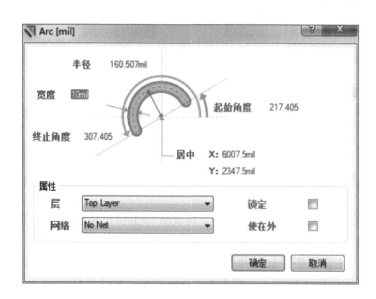

图 8-37 "Arc"对话框

8.3.9　放置填充

在 PCB 设计过程中，填充可用于制作 PCB 插件的接触面，或者为了提高系统的抗干扰性或考虑通过大电流等因素而放置大面积电源或接地区域，填充可分为矩形填充和多边形填充两种。

1. 放置矩形填充

【实例 8-16】 放置矩形填充

1）在菜单栏中选择"放置"→"填充"命令或者在工具栏中选择"放置填充"快捷图标，启动放置矩形填充命令。

2）启动该命令后，光标将变成十字形，将光标移至合适位置，单击鼠标左键确定矩形的一个顶点。

3）移动光标，工作区中即会随着光标显示出一个矩形框，移动到合适位置时单击鼠标左键，确定矩形对角点位置，完成矩形填充的放置，如图 8-38 所示，右键单击工作区退出放置矩形填充状态。

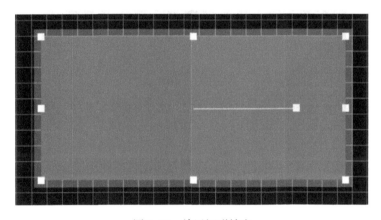

图 8-38　放置矩形填充

在放置矩形填充的状态下，按〈Tab〉键或双击已放置的矩形填充，都可以打开"填充"对话框，如图 8-39 所示。该对话框可以设置填充的两个对角的坐标、矩形旋转角度、所在层和所在网络等参数。

2. 放置多边形填充

【实例 8-17】 放置多边形填充

1）在菜单栏中选择"放置"→"实心区域"命令，启动放置"多边形填充"命令。

2）启动该命令后，光标将变成十字形，将光标移至合适位置，单击鼠标左键确定多边形的第一个顶点。

3）第一个顶点位置确定后，移动光标至第二个顶点处单击鼠标左键，依次确定各个顶点。确定完最后的顶点后，软件将自动闭合所绘制的多边形，完成多边形填充的放置，如图 8-40 所示。右键单击工作区退出放置多边形填充状态。

在放置多边形填充的状态下，按〈Tab〉键或双击已放置的多边形填充，都可以打开"区域"对话框，如图 8-41 所示。该对话框可以设置多边形填充所在层和所在网络等参数。

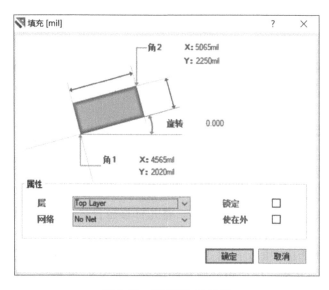

图 8-39 "填充"对话框

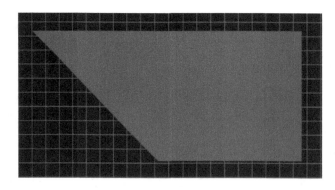

图 8-40 放置多边形填充

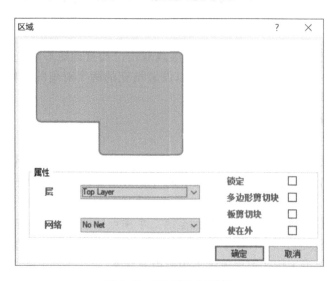

图 8-41 "区域"对话框

8.3.10　放置敷铜

现代集成高速电路板通常会将 PCB 上多余的空间作为基准面，使用固体铜进行填充。本书将这些铜区称为敷铜，敷铜一般为多边形结构。PCB 上的大面积敷铜可用于散热、屏蔽或减小信号干扰。

由于 PCB 的基板与铜箔间的黏合剂长时间受热或浸焊，产生的挥发性气体易导致热量积聚，以至产生铜箔膨胀或脱落现象，因此通常需要在大面积敷铜上开网状窗口。

执行放置敷铜命令的常用方式有以下两种：

1）"配线"工具栏：选择"放置多边形平面"快捷图标。

2）菜单栏：选择"放置"→"多边形敷铜"命令。

执行放置敷铜命令后，弹出图 8-42 所示"多边形敷铜"对话框，设完相关属性后，用鼠标在合适的位置画一个边框放置敷铜，则系统按设置好的规则间隙敷铜。

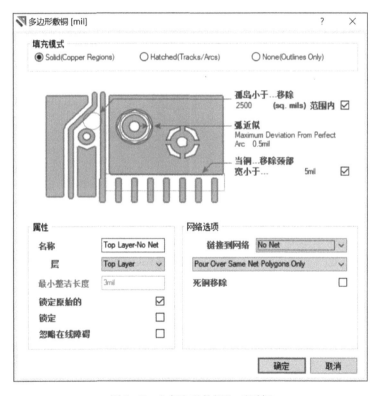

图 8-42　"多边形敷铜"对话框

敷铜填充模式有 Solid（Copper Regions）（实心填充）、Hatched（Tracks/Arcs）（网格填充）、None（Outlines Only）（无填充）三种。通常选择"Solid（Copper Regions）（实心填充）"模式。

1. 实心填充模式

"孤岛小于 ... 移除"主要用来移除小于设定面积的、独立存在的小面积敷铜，孤岛是通过设定参数将其自动移除的。

"弧近似"用于设定敷铜与焊盘或过孔之间弧形间隙的最大偏差值。

"当铜⋯移除颈部宽小于"用于当敷铜宽度小于设定值时，系统自动删除敷铜。

"网络选项"选项组中的"链接到网络"右侧下拉列表框包含 PCB 的所有网络，敷铜一般与 GND 相连。"链接到网络"下侧下拉列表框用来选择数铜与网络之间的连接模式：

1）Don't Pour Over Same Net Objects：内部填充时，敷铜不与同网络的对象相连。

2）Pour Over All Same Net Objects：内部填充时，敷铜与所有同网络的对象相连。

3）Pour Over Same Net Polygons Only：内部填充时，敷铜仅与同网络的铜对象相连。

"死铜移除"选项用来删除死铜。死铜是指面积较小又无法连接到指定网络上的敷铜，需要通过设定参数由系统将其自动移除。死铜只能用这种方法删除。

2. 网格填充模式

在"多边形敷铜"对话框中，"填充模式"选择"Hatched（Tracks/Ares）（网络填充）"模式，如图 8-43 所示。

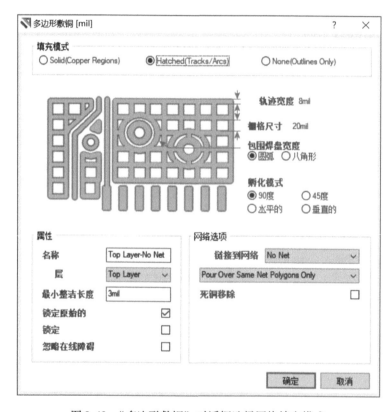

图 8-43 "多边形敷铜"对话框选择网格填充模式

"轨迹宽度"用于设定敷铜轨迹的走线宽度，"栅格尺寸"用于设定敷铜的网格大小，"包围焊盘宽度"用于设置敷铜包围焊盘的宽度，"孵化模式"包括网格的"90 度""45 度""水平的""垂直的"四种开口模式。

3. 无填充模式

在"多边形敷铜"对话框中，"填充模式"选择"None（Outlines Only）（无填充）"模式，如图 8-44 所示。无填充模式就是只有敷铜边框，而内部无任何填充。

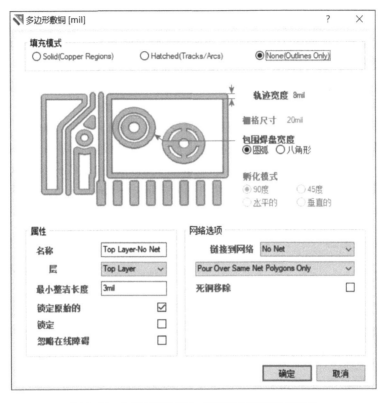

图 8-44　"多边形敷铜"对话框选择无填充模式

【实例 8-18】敷铜

1）设置好"多边形敷铜"对话框中的参数选项，单击"确定"按钮启动敷铜命令。

2）启动敷铜命令后，光标将变成十字形，将光标移至合适位置，单击鼠标左键确定敷铜多边形的第一个顶点。

3）第一个顶点位置确定后，移动光标至第二个顶点处单击鼠标左键，依次确定各个顶点。确定完最后一个顶点后，软件将对自动闭合所绘制的多边形内部并进行敷铜。

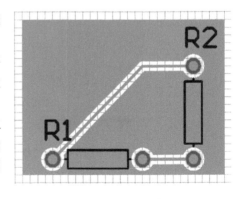

图 8-45　敷铜示意图

按照上述步骤，以 R1 和 R2 连接为实例，按照实心填充模式进行敷铜，示意图如图 8-45 所示。

8.4　元件布局

完成了网络表和元件库的载入工作后，就要进入元件的布局。元件布局，即把元件封装合理排布在电路板上，它直接决定了设计的电路是否能够可靠、正常地工作。Altium Designer 10 提供了两种布局方式：自动布局和手工布局。

8.4.1 自动布局

自动布局就是利用 Altium Designer 10 提供的各种自动布局的工具完成电路板上元件的布局工作。只要定义合理的规则，系统将会按照规则自动地将元件在 PCB 上进行布局，为了更好地利用自动布局的工具，在详细介绍自动布局的步骤之前先介绍如何设置自动布局参数。自动布局参数是否合理将直接关系到自动布局的最终结果。

在 PCB 编辑器内选择"设计"→"规则"命令。执行该命令后会弹出图 8-46 所示对话框，在其中选择 Placement 自动布局约束参数设置。此参数设置选项中共有 6 个设置参数：Room Definition（空间范围）、Component Clearance（元件间距）、Component Orientations（元件放置方向）、Permitted Layers（元件放置层面）、Nets to Ignore（可忽略网络）和 Height（元件高度）。

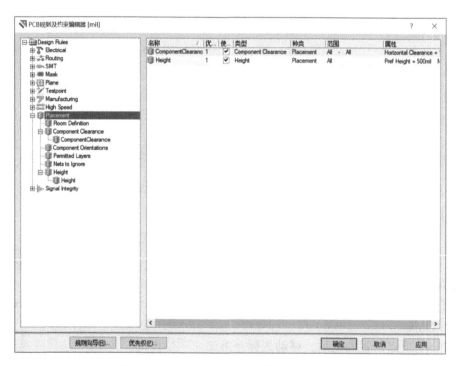

图 8-46 "PCB 规则及约束编辑器"对话框

设置 Room Definition（空间范围）：右键单击 Room Definition 选择"新规则"命令可以建立新的规则，位置在 Room Definition 的菜单下，鼠标左键双击新建的"Room Definition"进入 Room Definition 参数设置对话框（见图 8-47），该对话框包括新规则名称、新规则适用范围、Room 空间锁定等参数，但一般此对话框中的参数较少设置。

设置 Component Clearance（元件间距）：使用方法与设 Room Definition 一样。如图 8-48 所示，在此对话框中，主要是对"（Where The First Object Matches）第一个匹配对象的位置"和（Where The Second Object Matches）"第二个匹配对象的位置"两个区域中的参数进行设置，其参数设置主要用来限制参数的约束范围。

完成以上自动布局的参数设置后，即可进行自动布局。

图 8-47 Room Definition 参数设置对话框

【实例 8-19】自动布局

1）选择"工具"→"器件布局"→"自动布局"命令，启动元件自动布局命令，将弹出图 8-49 所示"自动放置"对话框。

2）用户可以在该对话框中设置有关的自动布局参数。PCB 编辑器提供了两种自动布局方式，每种方式均使用不同的计算和优化元件位置的方法，两种方法描述如下：

1）成群的放置项：这种布局方式根据连接关系将元件分成组，然后以一定集合方式放置元件组，适用于元件数量较少（小于 100 个）的设计。

2）统计的放置项：这种布局方式使用一种统计算法来放置元件，以使连接长度最优化，使元件间用最短的导线相连接，适用于元件数量较多（大于 100 个）的设计。当采用统计式布局模式时，图 8-49 所示对话框会变成图 8-50 所示对话框。

图 8-50 中，各参数的含义如下：

a. 组元：用来设置是否要将彼此相连的元件归类，再根据分类后的元件布局。分类依据首先是元件彼此相连的网络数目，其次再根据引脚数目。如果电路板上没有足够空间，建议不要选中此复选框，因为执行此操作时会占据一部分电路板空间。

b. 旋转元件：用来设置是否要将元件旋转一定角度，从而获得最佳的布局位置。此操作会消耗较多布局时间，但会得到较好的结果。

c. 自动更新 PCB：用来设置在自动布局时是否要自动根据设计规则进行更新。

d. 电源网络：将与文本框中输入的网络名称相同的网络排除在自动布局范围之外。这

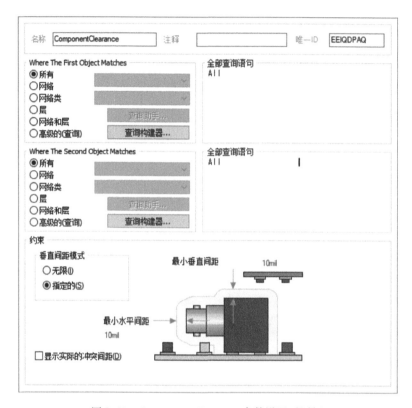

图 8-48　Component Clearance 参数设置对话框

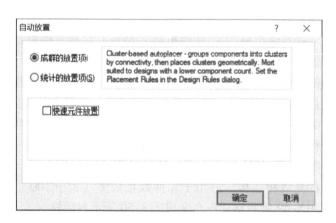

图 8-49　"自动放置"对话框

样可以节省布局时间，而这些网络基本都是电源网络。

e. 地网络：与"电源网络"功能相似，只是此处的输入为接地网络名称。

f. 栅格尺寸：主要用来设置各个元件参考坐标的栅格距离，一般采用默认值即可。

在执行自动布局之前，应该将当前原点设置为系统默认的绝对原点位置，因为自动元件布局使用的参考点为绝对原点。自动布局由于设置比较重要，所以实际工程通常用手动布局进行设计。

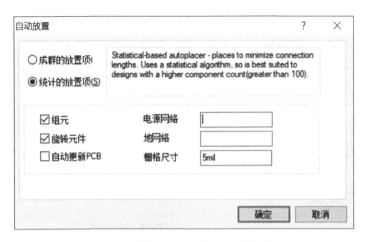

图 8-50　"自动放置"对话框（统计的放置项）

8.4.2　手工布局

总的来说，Altium Designer 10 的自动布局功能往往不太理想，特别是当电路比较复杂时。因此，大多数情况下都需要对自动布局的结果进行手工调整。在手工调整元件布局时，需要综合考虑电路的抗干扰性、散热性、某些元件对布局的特殊要求等多种问题。

手工布局没有特定的步骤，一般按照相邻走线较多的元件接近排放、滤波电容应该靠近滤波元件、模拟电路和数字电路不要混合布局等一些规则进行布局。手工布局结束后还要手工调整元件的标号位置。

手工布局的具体方法较为简单：使用鼠标左键将各元件移动到合理的位置，在此过程中可以配合空格（旋转元件）、〈X〉键（水平翻转）和〈Y〉键（竖直翻转），以获得更合理的布局格式。

8.5　布　　线

布线，即在 PCB 中放置导线和过孔，将 PCB 上的元件按一定的电气连接关系连接起来。布线分为手工布线和自动布线两种。通常情况下，这两种布线方式是结合起来用的。在自动布线之前，需要对自动布线的参数进行设置。布线设计规则设置是否合理将影响电路板布线的质量。

8.5.1　设置自动布线设计规则

自动布线时，设计人员可根据需要设置布线规则，主要包括以下几项：

1. 安全间距

是指在保证电路板正常工作的前提下，导线与导线、导线与焊盘之间的最小距离，其设置步骤如下：

在菜单栏中选择"设计"→"规则"命令，启动 PCB 规则及约束编辑器，在左窗口中依次单击"Electrical"→"Clearance"→"Clearance *"，对话框如图 8-51 所示。

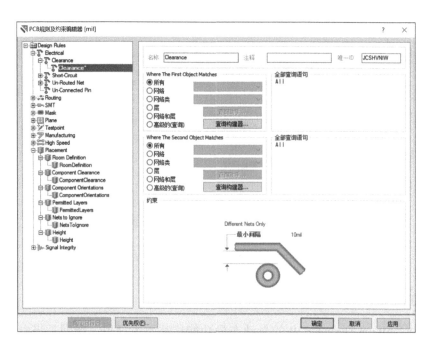

图 8-51　安全间距设置

该对话框主要分为以下几部分：

1）第一/二图件的安全范围设置：用于设置本规则适用的范围。可以设置该规定的范围有所有、网络、网络类、层、网络和层、高级的（查询），通常情况下，采用默认设置All（所有）即可，即该规则适用于整个电路板。

2）约束：用于设定物体之间允许的最小间隙，默认为10mil（0.254mm）。

2. 布线宽度

用于设置导线宽度的最大、最小允许值和典型值，其设置步骤如下：

在菜单栏中选择"设计"→"规则"命令，启动PCB规则及约束编辑器，在左窗口中依次单击"Routing"→"Width"→"Width"，对话框如图8-52所示。

该对话框主要分为以下几部分：

1）Where The Fist Object Matches：布线宽度范围的设置，采用默认设置All（所有）即可，即该规则适用于整个电路板。

2）约束：布线宽度属性，用于设定单枪布线宽度所允许的最小线宽、最大线宽和典型线宽。一般情况下，将布线宽度属性设定为：最小线宽为0.254mm、最大线宽为2mm、典型线宽为0.5mm，以便在PCB的设计过程中能够在线修改布线宽度。

3. 布线优先级

指程序允许用户设定各个网络布线的顺序，优先级高的网络布线早，优先级低的网络布线晚，Altium Designer 10提供了0～100共101种优先级选择，数字0代表的优先级最低，100代表的优先级最高。其设置步骤如下：

在菜单栏中选择"设计"→"规则"命令，启动PCB规则及约束编辑器，在左窗口中依次单击"Routing"→"Routing Priority"→"Routing Priority"，对话框如图8-53所示。

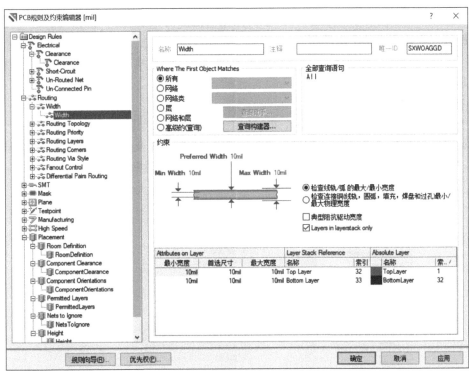

图 8-52　布线宽度设置对话框

图 8-53　布线优先级设置对话框

该对话框主要分为以下几部分：

1）Where The Fist Object Matches：布线优先级范围的设置，采用默认设置 All（所有）即可，即该规则适用于整个电路板。

2）约束：布线优先级属性，用于设定当前指定网络的布线优先级，这里采用系统的默认值"100"。

4. 布线工作层

用于设定允许布线的工作层及各个布线层上走线的方向，其设置步骤如下：

在菜单栏中选择"设计"→"规则"命令，启动 PCB 规则及约束编辑器，在左窗口中依次单击"Routing"→"Routing Layers"→"Routing Layers"，对话框如图 8-54 所示。

图 8-54 布线工作层设置对话框

该对话框主要分为以下几部分：

1）Where The Fist Object Matches：布线工作层范围的设置，采用默认设置 All（所有）即可。即该规则适用于整个电路板。

2）约束：布线工作层面属性，用于设定布线层面的有效性。

5. 布线拐角模式

定义了自动布线时拐角的形状及最小和最大的允许尺寸，其设置步骤如下：

在菜单栏中选择"设计"→"规则"命令，启动 PCB 规则及约束编辑器，在左窗口中依次单击"Routing"→"Routing Corners"→"Routing Corners"，对话框如图 8-55 所示。

该对话框主要分为以下几部分：

1）Where The Fist Object Matches：布线拐角模式范围的设置，采用默认设置 All（全部网络）即可，即该规则适用于整个电路板。

2）约束：布线拐角模式属性，用于设置拐角模式，包括拐角的样式和尺寸。拐角样式有 90Degrees、45 Degrees、Rounded，系统默认值为 45 Degrees。

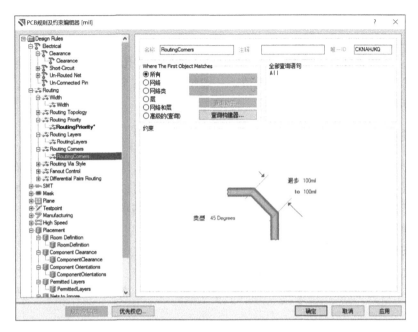

图 8-55　布线拐角模式设置对话框

211

6. 过孔样式

定义自动布线时可以使用的过孔尺寸，其设置步骤如下：

在菜单栏中选择"设计"→"规则"命令，启动 PCB 规则及约束编辑器，在左窗口中依次单击"Routing"→"Routing Via Style"→"Routing Vias"，对话框如图 8-56 所示。

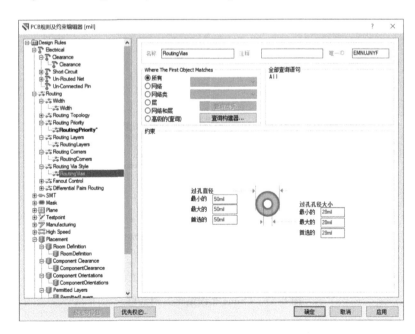

图 8-56　布线过孔形式设置对话框

该对话框中主要分为以下几部分：

1）Where The Fist Object Matches：布线过孔样式范围的设置，采用默认设置 All（全部网络）即可，即该规则适用于整个电路板。

2）约束：布线过孔样式属性，用于设定过孔直径和过孔的孔径。过孔直径和孔径都有三种定义方式：最小值、最大值和优先值。一般情况下，三个尺寸设置应一致，系统默认值为 50mil 和 28mil。

8.5.2　自动布线

布线设计规则设置完毕后，即可进行自动布线。Altium Designer 10 中自动布线的方式灵活多样，根据用户布线的需要，既可以进行全局布线，也可以对用户指定的区域、网络、元件甚至是连接进行布线，因此可以根据设计过程中的实际需求选择最佳的布线方式。下面以"分压电路工程"为例对各种布线方式做详细讲解。

1. 全局布线

全局布线是对整块电路板进行布线，其步骤如下：

1）选择"自动布线"→"全部"命令，将弹出"Situs 布线策略"对话框，如图 8-57 所示。

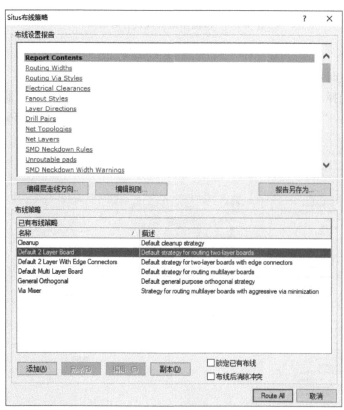

图 8-57　"Situs 布线策略"对话框

2）如果所选的布线策略正确，单击"Route All"按钮即可按照已设置好的布线规则对电路板进行自动布线。在布线过程中，系统会弹出图 8-58 所示布线信息窗口，显示布线情况。

Messages

Class	Document	Source	Message	Time	Date	N..
Sit...	分压电路....	Situs	Routing Started	0:42:40	2019/5/...	1
Ro...	分压电路....	Situs	Creating topology map	0:42:40	2019/5/...	2
Sit...	分压电路....	Situs	Starting Fan out to Plane	0:42:40	2019/5/...	3
Sit...	分压电路....	Situs	Completed Fan out to Plane in 0 Seconds	0:42:40	2019/5/...	4
Sit...	分压电路....	Situs	Starting Memory	0:42:40	2019/5/...	5
Sit...	分压电路....	Situs	Completed Memory in 0 Seconds	0:42:40	2019/5/...	6
Sit...	分压电路....	Situs	Starting Layer Patterns	0:42:40	2019/5/...	7
Ro...	分压电路....	Situs	Calculating Board Density	0:42:40	2019/5/...	8
Sit...	分压电路....	Situs	Completed Layer Patterns in 0 Seconds	0:42:40	2019/5/...	9
Sit...	分压电路....	Situs	Starting Main	0:42:40	2019/5/...	10
Ro...	分压电路....	Situs	Calculating Board Density	0:42:40	2019/5/...	11
Sit...	分压电路....	Situs	Completed Main in 0 Seconds	0:42:40	2019/5/...	12
Sit...	分压电路....	Situs	Starting Completion	0:42:40	2019/5/...	13
Sit...	分压电路....	Situs	Completed Completion in 0 Seconds	0:42:40	2019/5/...	14
Sit...	分压电路....	Situs	Starting Straighten	0:42:40	2019/5/...	15
Sit...	分压电路....	Situs	Completed Straighten in 0 Seconds	0:42:40	2019/5/...	16
Ro...	分压电路....	Situs	7 of 7 connections routed (100.00%) in 0 Se...	0:42:40	2019/5/...	17
Sit...	分压电路....	Situs	Routing finished with 0 contentions(s). Faile...	0:42:40	2019/5/...	18

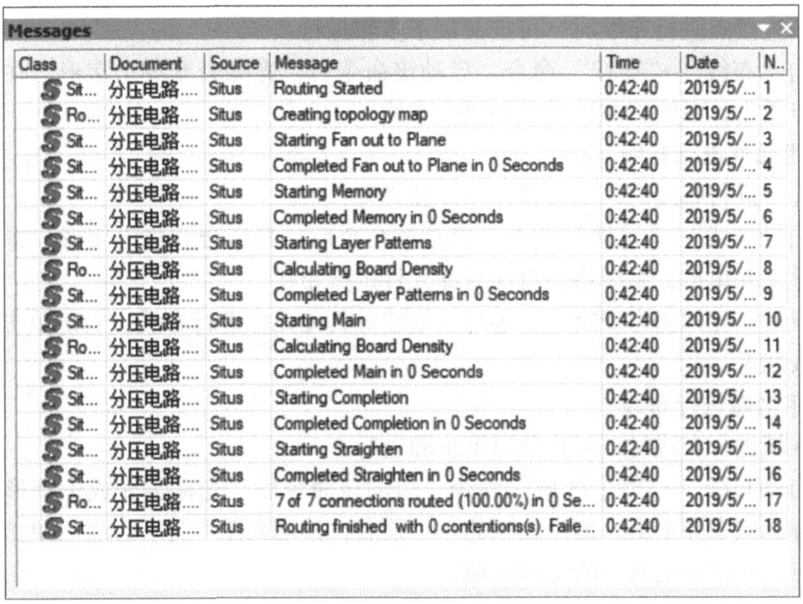

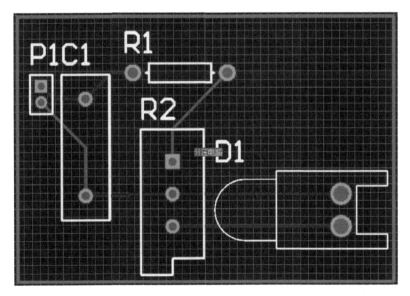

图 8-58　布线信息窗口

3）等待布线，布线完成后的结果如图 8-59 所示。

图 8-59　布线后的 PCB 文件

2. 对选定网络进行布线

对选定网络进行布线时，用户首先要自定义自动布线的网络，然后按照以下步骤进行布线：

选择“自动布线”→“网络”命令，启动该命令后，光标会变成十字形，选择需要布线的网络，当鼠标靠近焊盘时，一般选择 Pad 或 Connection 选项。

3. 对两连接点进行布线

对选定两连接点进行布线时，可按照以下步骤进行：

选择"自动布线"→"连接"命令，启动该命令后，光标会变成十字形，在需要布线的两点间的某点单击，系统将在这两点间进行布线。

4. 对指定元件进行布线

对指定元件进行布线时，可按照以下步骤进行：

选择"自动布线"→"元件"命令，启动该命令后，光标会变成十字形，将光标移动到图中某一元件上并单击，系统将会自动对此元件进行布线。

布线完成后，光标仍为十字形，还可以继续对其他元件进行布线。右键单击工作区即可退出元件布线状态。

5. 对指定区域进行布线

对指定区域进行布线时，可按照以下步骤进行：

选择"自动布线"→"整个区域"命令，启动该命令后，光标会变成十字形，将光标移动到图中目标区域中并单击，确定区域的一个顶点，移动到图中另一位置后单击，确定区域的另一个顶点，从而确定选择的矩形区域。

选择完区域后，系统将会自动对此区域进行布线。

布线完成后，光标仍为十字形，还可以继续对其他区域进行布线。右键单击工作区即可退出区域布线状态。

8.5.3 手工布线

在 Altium Designer 10 中，利用自动布线一般是不可能完成全部任务的。自动布线的实质是在某种给定的算法下，按照设计人员给定的网络表，实现各网络之间的电气连接。因此，自动布线的功能主要是实现电气网络间的连接，在自动布线的实施过程中，很少考虑电气、物理和散热等特殊要求，这些都需要通过手工布线进行调整，主要包括手工调整布线、加宽电源和接地线等。

1. 手工调整布线

选择"工具"→"取消布线"命令，"取消布线"命令下提供了几个常用的手工调整布线命令，这些命令可以用来进行不同方式的布线调整。

1）"全部"：拆除所有布线，进行手工调整。

2）"网络"：拆除所选的布线网络，进行手工调整。

3）"连接"：拆除所选的连接，进行手工调整。

4）"器件"：拆除与所选元件相连接的布线，进行手工调整。

5）"Room"：拆除选定 Room 空间内的布线，进行手工调整。

2. 加宽电源和接地线

电源和接地线通过的电流较大，为了提高系统的可靠性，可以将电源和接地线加宽。设计人员可以在设置布线设计规则时设置增加电源和接地线的宽度，也可以在设计完成后，直接在电路板上加宽电源和接地线。加宽电源和接地线的操作步骤如下：

双击需要加宽的走线，弹出"轨迹"对话框，如图 8-60 所示。

在"轨迹"对话框中，将线宽文本框中的数值调整为实际需要的宽度，如 20mil。单击

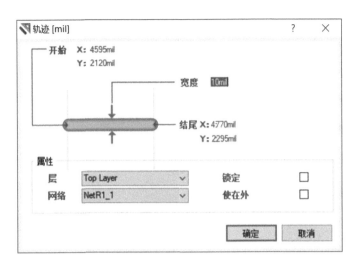

图 8-60 "轨迹"对话框

"确定"按钮,即可改变所选导线的宽度。

注意:此时加宽的走线有时会显示为 Error Marks,这是由于走线加宽后,发生了不同网络的相互接触现象,违反了导线间安全距离的设计规则,此时应调整走线的形状,避免走线和网络间相互接触。

8.6 设计规则检测

经过以上操作后,已经完成了一块电路板的全部设计过程,但是还不能送给加工单位进行加工,还必须进行设计规则检测(DRC)。Altium Designer 10 提供的设计规则检测工具是非常有用的规则检测工具,对于一块复杂的 PCB,在送交加工单位之前一定要经过设计规则检测,通过检测能够确保制作的 PCB 完全符合设计人员的设计要求。因此,建议设计人员在完成 PCB 的布线后千万不要遗漏这一步。

【实例 8-20】设计规则检测

1)选择"工具"→"设计规则检查"命令,系统将弹出图 8-61 所示"设计规则检测"对话框。

设计规则检测有两种结果:一种是报表输出,可以产生检测的结果报表;另一种是在线检测工具,也就是在布线的过程中对布线规则进行检测,防止错误发生。在报表方式中,主要介绍以下各项:

① Electrical—Clearance:该项为安全间距的检测项。

② Routing—Width:该项为走线宽度的检测项。

③ Electrical—Short Circuit:该项为电路板走线是否符合规则的检测项。

④ Electrical—Un-Routed Net:该项将对没有布线的网络进行检测。

⑤ Electrical—Un-Connected Pin:该项将对没有连接的引脚进行检测。

2)设定报表检测选项后,单击对话框左下角的"运行 DRC"按钮,开始进行设计规则检测,程序结束后,会产生一个"Design Rule Check-文件名"的检测文件。

图 8-61 "设计规则检测"对话框

8.7 综合实例——运算放大电路

运算放大器（简称运放）是具有很大放大倍数的电路单元。在实际电路中，通常结合反馈网络共同组成某种功能模块。它是一种带有特殊耦合电路及反馈的放大器，其输出信号可以是输入信号加、减或微分、积分等数学运算的结果。随着半导体技术的发展，大部分的运放是以单芯片的形式存在。运放的种类繁多，广泛应用于电子行业当中。本实例电路以AD8001AN 为核心芯片，如图 8-62 和图 8-63 所示。下文在已有电路原理图的基础上，介绍如何设计放大电路 PCB 文件，并进行布局布线操作。

设计思路：

首选，创建一个 PCB 工程，并在工程下创建新的原理图，选好存储位置对工程和原理图文件命名后并保存；其次，对原理图中的元件进行分析统计，先放置好所有元件，确定各芯片的位置后再进行元件布局，然后用导线将其连接起来，完成原理图的布局。在设计好的原理图基础上，进入 PCB 编译环境，设定规则和约束，进行元件自动布局，再进行自动布线操作，最后保存文件。

【光盘文件】参见附带光盘中的"实例 Ch8 \ 运算放大电路 \ 运算放大电路 . PrjPCB"文件。

本实例的具体操作步骤如下：

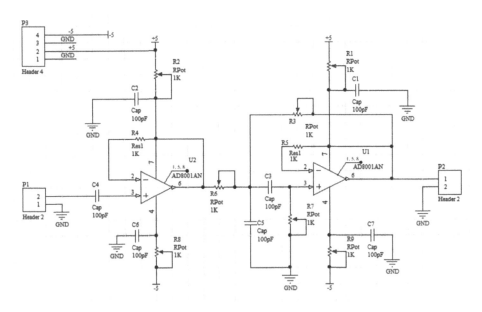

图 8-62 运算放大电路图

217

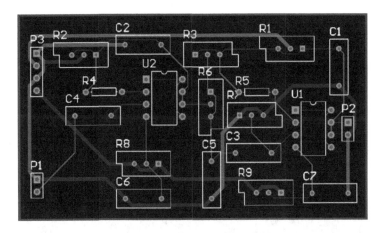

图 8-63 运算放大电路 PCB 图

【新建工程并添加原理图和 PCB 元件库】

1）新建工程：选择"文件"→"新的"→"工程"→"PCB 工程"命令，创建一个 PCB 项目文档。选择"文件"→"保存工程"命令，在弹出的对话框中选择好位置，将文件名称更改为"运算放大电路 . PrjPCB"，单击"保存"按钮进行保存。

2）添加原理图：右键单击新建项目文件，在弹出的快捷菜单中选择"添加现有的文件到工程"命令，打开对话框并选择附带光盘中的"实例 Ch8 \ 运算放大电路 \ 运算放大电路 . SchDoc"。

3）添加 PCB 元件库：选择"设计"→"添加/移除库"命令，在弹出的对话框中添加库文件"AD Operational Amplifier . IntLib"，地址为光盘文件的"实例 Ch8 \ 运算放大电路"文件。

【新建 PCB 元件并加载网络表和元件】

4）根据上一章中创建新 PCB 文件的方法，在 PCB 项目文件下创建新的 PCB 文件，并保存为"运算放大电路.PcbDoc"，此时项目管理面板内容如图 8- 64 所示。

图 8-64 项目管理面板内容

5）双击"运算放大电路.PcbDoc"文件，进入 PCB 编辑器环境，选择"设计"→"Import Changes From 运算放大电路.PrjPCB"命令，打开图 8-65 所示"工程更改顺序"对话框，左下角有红色警告出现，属于元件引脚未使用所引起，不影响本设计，可以忽略。

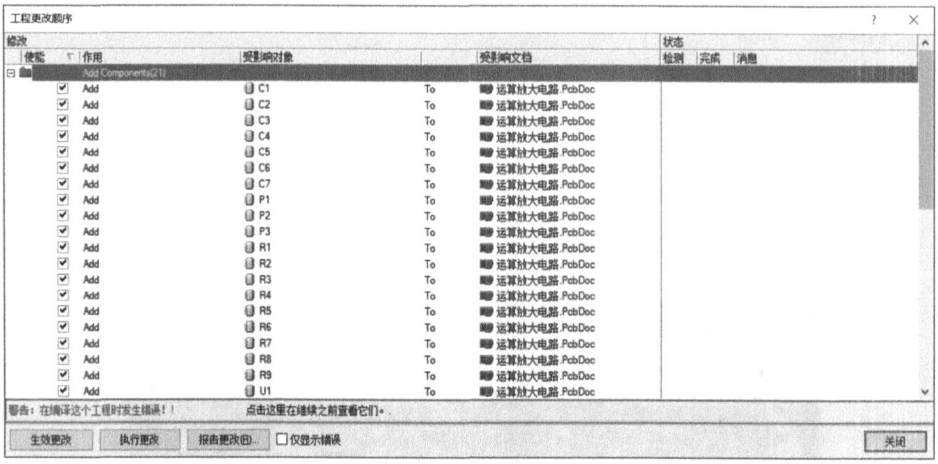

图 8-65 "工程更改顺序"对话框

6）单击"生效更改"按钮，检查所有改变是否有效，出现均是"√"号表示没有任何问题。然后单击"执行更改"按钮，在 PCB 工作区内执行所有改变操作。而后单击"关闭"按钮，返回 PCB 编辑器环境，此时工作区内容如图 8-66 所示。

图 8-66 工作区内容

【对 PCB 设计设定规则和约束】

7）选择"设计"→"规则"命令，打开"PCB 规则及约束编辑器"对话框，在 Electrical 中"Clearance→Clearance"下的"约束"项目组中，将此次 PCB 设计中的最小安全距离设置为 8mil；在 Routing 中"Width→Width"下的"约束"项目组中，将"Min Width""Max Width"和"Preferred Width"分别设定为 10mil、50mil 和 15mil。

8）在 Routing 中"Width→Width"下新建规则 Width_1、Width_2 和 Width_3，分别用于规定网络 GND、+5 和 -5，分别设置其"最小宽度""最大宽度"和"当前宽度"为 15mil、50mil 和 30mil，在"Where The First Object Matches"选项组中选中"网络"单选按

钮，并在其右边选择对应的网络名称，如 8-67 所示。

图 8-67　设置网络导线宽度属性

【元件布局和布线】

9）设置完毕后，单击"应用"按钮后再单击"确定"按钮，返回 PCB 编辑器，拖动元件调整各元件位置，完成元件布局，如图 8-68 所示。

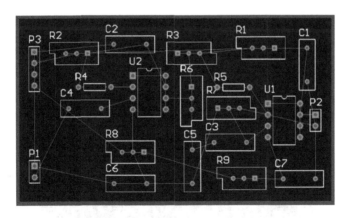

图 8-68　元件布局

10）选择"自动布线"→"全部"命令，打开图 8-69 所示"Situs 布线策略"对话框。单击选中"布线策略"选项中的"Default 2 Layer Board（默认双层电路板）"布线策略，单击"Route All"按钮返回 PCB 编辑器环境。

11）系统执行自动布线操作，弹出"Messages"窗口，如图 8-70 所示。单击该对话框右上角的关闭图标关闭该对话框。

12）自动布线操作结束后，工作区内自动布线后结果如图 8-71 所示。选择"文件"→"保存"命令或按〈Ctrl + S〉快捷键保存文件。

图 8-69 "Situs 布线策略"对话框

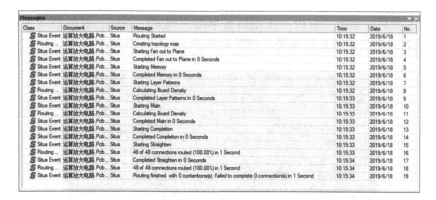

图 8-70 "Messages"窗口

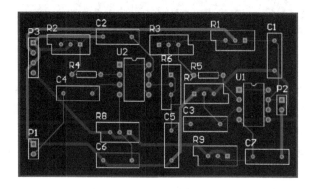

图 8-71 自动布线后结果

习　题

8-1　简述 PCB 设计常用对象的放置及属性设置方法。

8-2　简述 PCB 设计常用的设计规则。

8-3　简述 PCB 都有哪些板层，分别起什么作用？

8-4　简述 PCB 元件的布局布线规则和方法。

第9章
元件封装制作

📝 **重点内容:**
1. 了解 Altium Designer 10 软件元件封装库编辑器的操作。
2. 掌握 Altium Designer 10 软件中元件封装库编辑器的使用方法。

📥 **技能目标:**
1. 掌握利用 Altium Designer 10 软件制作元件封装。
2. 掌握 Altium Designer 10 软件创建集成元件库。

虽然 Altium Designer 软件自带了很多公司的元件封装,但在实际工程应用中会经常发现所使用的封装在现有的封装库中仍找不到,或者比较新的元件还没有被封装,这就需要自己制作元件封装。Altium Designer 10 软件提供了一个功能完善的元件封装库编辑器,其主要用来制作元件封装,并可以生成用户自己的元件库。

9.1 元件封装库编辑器

Altium Designer 10 软件提供了制作元件封装的编辑器,即 PCB 元件封装库编辑器,用它可以制作任意形状的元件封装,当然也可以借助现有的元件封装,通过简单的修改得到。

【实例 9-1】启动元件封装库编辑器

1)选择"文件"→"新的"→"库"→"PCB 元件库"命令,进入元件封装库编辑器窗口,同时项目管理器中将自动出现文件名为"PcbLibl. PcbLib"的元件库文件,如图 9-1 所示。

图 9-1 新建元件封装库文件

2）右键单击工程菜单中新建文件 PcbLibl. PcbLib 的文件名，在弹出的快捷菜单中选择"另存为"命令，在弹出的"Save"对话框中设置保存位置和文件名后，单击"保存"按钮，退出对话框。

3）选择"工具"→"新的空元件"命令，如图 9-2 所示。

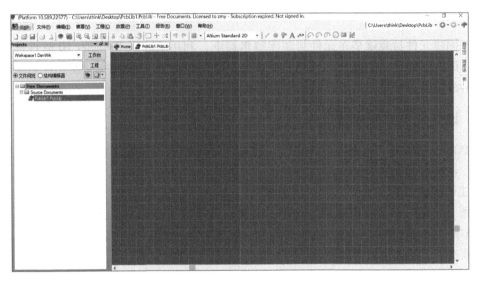

图 9-2　元件封装库编辑器

4）单击"Projects"下方的→"PCB Library"，如图 9-3 所示。

图 9-3　"PCB Library"示意图

元件封装库编辑器的界面与 PCB 编辑器界面相似，也分为主菜单栏、主工具栏、编辑区、放置工具栏、文档标签、层标签等，其中最主要的菜单栏和工具栏的内容和 PCB 编辑器环境下的菜单栏和工具栏基本一致，此处就不再赘述。

9.2 手工创建元件封装

手工创建元件封装就是在元件封装库编辑器下，利用 Altium Designer 10 软件提供的各种工具，照实际的尺寸绘制出元件封装。手工制作元件封装一般要先设置元件封装库编辑器，然后放置图形对象，最后设定元件的插入参考点。

9.2.1 设置元件封装库参数

与 PCB 设计一样，在进行设计之前，要对设计环境进行设置，包括工作面板设置、板层设置、系统参数设置等。

1. 工作面板设置

选择"工具"→"器件库选项"命令，或者右键单击工作区，在弹出的快捷菜单中选择"库选择项"命令，弹出"板选项"对话框，如图 9-4 所示。该对话框中可以设置度量单位、捕获选项、图纸位置等属性。

图9-4 "板选项"对话框

2. 板层设置

选择"工具"→"板层和颜色"命令，或者右键单击工作区，在弹出的快捷菜单中选择"选项"→"板层颜色"命令，弹出"视图配置"对话框，如图 9-5 所示。该对话框中可以设置所设计的板层和颜色。

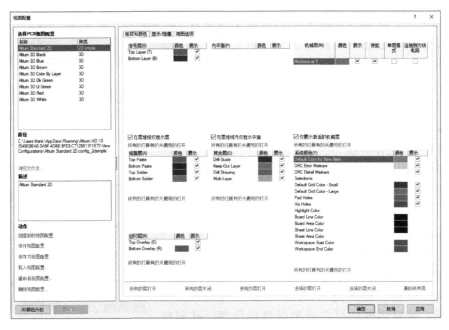

图 9-5　"视图配置"对话框

3. 系统参数设置

选择"工具"→"优先选项"命令，或者右键单击工作区，在弹出的快捷菜单中选择"选项"→"优先选项"命令，弹出"参数选择"对话框，如图 9-6 所示。该对话框中可以设置系统参数，操作方法与 PCB 设计中的设置相同。

图 9-6　"参数选择"对话框

9.2.2 创建元件封装

下面通过一个具体的实例来说明创建元件封装的操作步骤，所要创建的元件封装 DIP-6 如图 9-7 所示。该元件封装主要分为放置焊盘、绘制外形轮廓、设置元件封装参考点和保存元件封装 4 个步骤。

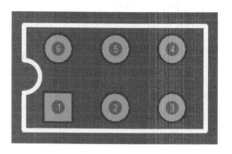

图 9-7　DIP-6 元件封装

1. 放置焊盘

封装 DIP-6 有 6 个焊盘。

【实例 9-2】制作焊盘

1）在快捷图标中选择"放置焊盘"快捷图标或者选择工具栏中的"放置"→"焊盘"命令，启动放置焊盘命令。

2）启动该命令后，光标将变成十字形，并浮动着一个焊盘，在工作区适当的 6 个位置单击，逐个放置 6 个焊盘，结果如图 9-8 所示。

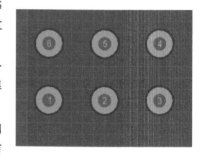

图 9-8　6 个焊盘

3）双击焊盘，系统将弹出"焊盘"对话框，如图 9-9 所示。该对话框中可以设置焊盘的位置、孔洞信息、尺寸和外形、属性等参数，这里主要将焊盘 1 的形状从 Round 修改成 Rectangular。

图 9-9　"焊盘"对话框

4）属性修改后，单击"确定"按钮，完成属性设置，结果如图9-10所示。

2. 绘制外形轮廓

绘制元件封装的外形轮廓，主要使用放置直线工具和绘制圆弧工具。

【**实例9-3**】绘制外形轮廓

1）元件外形轮廓线一般应该绘制在顶层丝印层（Top Overlay），单击工作区下面的"Top Overlay"标签，使顶层丝印层作为当前工作层。

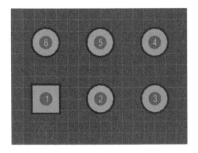

图9-10　放置焊盘

2）在快捷图标中选择"放置走线"快捷图标，或者选择工具栏中的"放置"→"走线"命令，启动放置直线命令。

3）启动该命令后，按照绘制直线的方法，绘制出图9-11所示外形轮廓，绘制完成后右键单击工作区退出直线放置状态。

4）选择"放置"→"圆弧（中心）"命令，或者选择工具栏中的"从中心放置圆弧"选项，启动放置圆弧命令。启动该命令后，按照绘制圆弧（中心）的方法，绘制出图9-12所示外形轮廓，绘制完成后右键单击工作区退出圆弧放置状态。

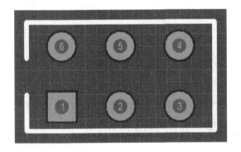

图9-11　放置矩形外形轮廓线

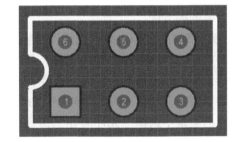

图9-12　放置半圆形外形轮廓

3. 设置元件封装参考点

完成放置焊盘和绘制外形轮廓的工作后，为了便于在PCB图中应用该元件封装，还要为该元件封装设定参考点。

选择"编辑"→"设置参考"命令，在子菜单命令中有"1脚""中心"和"定位"三个选项，具体描述如下：

1脚：设置1号焊盘为参考点。

中心：设置元件封装中心为参考点。

定位：设置用户指定的一个位置为参考点。

本例以元件封装中心为参考点，选择"编辑"→"设置参考"→"中心"命令，系统自动将元件封装中心设置为参考点。

4. 保存元件封装

在创建元件封装时，系统自动给元件封装指定默认的名称"PCBCOMPONENT_1"，在保存元件封装时，需要将默认名称修改成与所制作元件对应的元件封装名。

重命名元件封装，可选择"工具"→"元件属性"命令，或双击左侧"PCBCOMPONENT_1"，或右键单击 PCBCOMPONENT_1，在弹出的菜单中选择元件属性命令，弹出图 9-13 所示"PCB 库元件"对话框。在"名称"文本框中输入元件封装名称"DIP-6"，单击"确定"按钮，关闭对话框，完成设置。

图 9-13 "PCB 库元件"对话框

9.3 利用向导创建元件封装

使用 Altium Designer 10 软件提供的元件封装，可以方便地创建新的元件封装。常用于元件引脚排列规则的情况。下面仍通过创建 DIP-6 元件封装为例，介绍使用向导创建新的元件封装的操方法。

【实例 9-4】使用向导创建元件封装

1）在 PCB 元件编辑器中，选择"工具"→"新的空元件"命令，或者在"PCB 元件库"管理器面板内右键单击，在弹出的菜单中选择"新建空白元件"命令，启动新元件。

2）选择"工具"→"元件向导"命令，或者在"PCB 元件库"管理器面板内右键单击，在弹出的菜单中选择"元件向导"命令，启动元件向导，如图 9-14 所示。

图 9-14 "Component Wizard"对话框

3）在"Component Wizard"对话框中单击"下一步"按钮，系统进入器件图案选择对话框，如图 9-15 所示。在该对话框中，系统提供了 12 种元件封装模板，用户可以从中选择某一种，详细形式见表 9-1。度量单位有 Imperial（mil）和 Metric（mm），系统默认设置为英制。本例中选择 Dual In- line Packages（DIP）形式，英制单位。

图 9-15　器件图案选择

表 9-1　元件封装形式

元件封装名称	元件封装形式
Ball Grid Arrays（BGA）	格点阵列式
Capacitors	电容式
Diodes	二极管式
Dual In- line Packages（DIP）	双列直插式
Edge Connectors	边连接式
Leadless Chip Carrriers（LCC）	无引线芯片载体式
Pin Grid Arrays（PGA）	引脚栅格阵列
Quad Packs（QUAD）	四芯包装
Resistors	电阻式
Small Outline Packages（SOP）	小外形包装式
Staggered Ball Grid Arrays（SBGA）	开关球阵列式
Staggered Pin Grid Arrays（SPGA）	开关门阵列式

4）单击"下一步"按钮，进入焊盘尺寸设置对话框，单击尺寸标注文字，修改尺寸数值即可，如图 9-16 所示。本例中采用的焊盘，外径均为 60mil，内径均为 30mil。一般将焊

盘外径的尺寸取为孔径尺寸的 2 倍，而孔径尺寸要稍大于引脚的尺寸，以便于在 PCB 上安装元件。

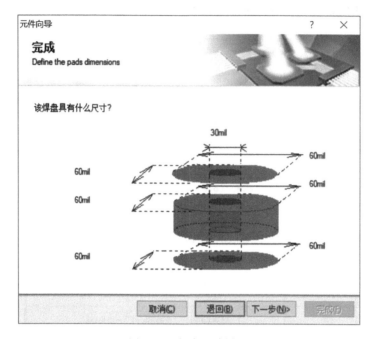

图 9-16　焊盘尺寸设置

　　5）单击"下一步"按钮，进入焊盘间距设置对话框，单击尺寸标注文字，修改尺寸数值即可，如图 9-17 所示。本例中采用的双排键的距离设置为 600mil。

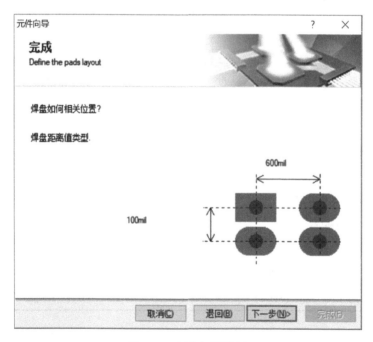

图 9-17　焊盘间距设置

6）单击"下一步"按钮，进入元件封装轮廓线宽度设置对话框，单击尺寸标注文字，修改尺寸数值即可，如图 9-18 所示。本例中采用的轮廓线宽度设置为 10mil。

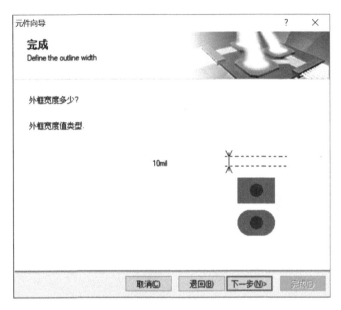

图 9-18　元件封装轮廓线宽度设置

7）单击"下一步"按钮，进入焊盘数量设置对话框，通过右端的文本框，设置焊盘数量，如图 9-19 所示。本例中采用的焊盘数量设置为 6。

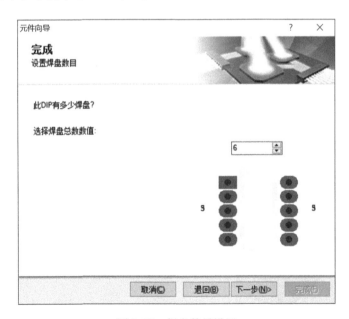

图 9-19　焊盘数量设置

8）单击"下一步"按钮，进入元件封装名称设置对话框，直接在文本框中输入名称即可，如图 9-20 所示。本例中采用的元件封装名称为 DIP6。

图 9-20　元件封装名称设置

9）单击"下一步"按钮，进入元件封装创建向导完成对话框，单击"完成"按钮，完成新元件封装的创建，如图 9-21 所示。

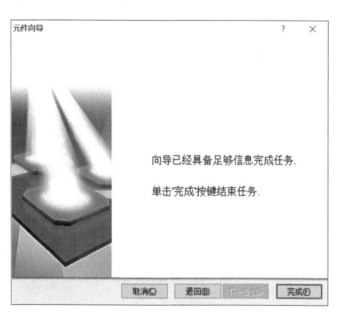

图 9-21　元件封装创建向导完成对话框

10）所创建的元件封装如图 9-22 所示。

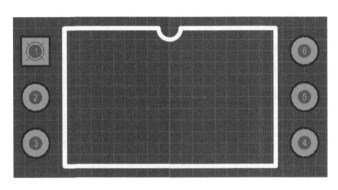

图 9-22　元件封装

9.4　创建元件集成库

当用户调用元件时，总希望能够同时调用元件的原理图符号、PCB 符号。Altium Designer 10 软件中的元件集成库完全能够满足设计人员的这一要求。设计人员可以建立一个自己的集成库，将常用元件的各种信息放在该库中。

233

【实例 9-5】创建新元件集成库

1）选择"文件"→"新的"→"工程"→"集成库"命令，创建一个集成库。在项目面板的 Projects 中可以看到文件名为"Integrated_Library. LibPkg"的新文件。

2）选择"文件"→"保存工程为"命令，或者右键单击"Integrated_Library. LibPkg"→"保存项目为"命令，系统将弹出保存文件对话框，在"文件名"文本框中输入"Integrated_Library"，并选择合适路径，单击"保存"按钮完成文件保存。

3）选择"工程"→"添加现有的文件到工程"命令，在弹出的选择文件添加对话框中选择已有库文件和元件 PCB 封装文件，本例讲以 QFP144. PcbLib 为例，追加后的管理面板如图 9-23 所示。

图 9-23　追加 QFP144. PcbLib 文件后的管理面板

4）类似步骤 3）追加 LCC84. SchLib 文件，进入如图 9-24 所示界面，单击左下角的"SCH Library"标签，进入 SCH Library 编辑界面，单击左下角"Add Footprint（添加模型)"按钮。

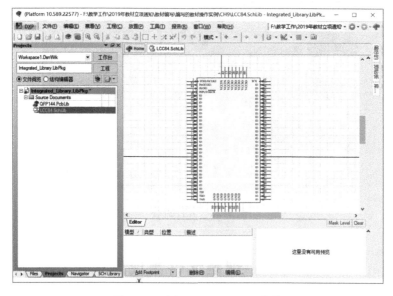

图 9-24 追加 LCC84.SchLib 文件

5）系统将弹出"添加新模型"对话框，模型种类选择"Footprint"，单击"确定"按钮，如图 9-25 所示。

6）系统将弹出 PCB 模型对话框，单击其中的"浏览"按钮，进入"浏览库"对话框，如图 9-26 所示。

7）选择"LCC84"后单击"确定"按钮完成添加。

8）选择"工程"→"Compile Integrated Library Integrated_Library. LibPkg"命令，编译集成库文件。系统自动生成一个名为"Project Outputs for Integrated_Library"

图 9-25 "添加新模型"对话框

的文件夹，系统在该文件夹中自动生成 Integrated_Libary. IntLib 的集成库文件。

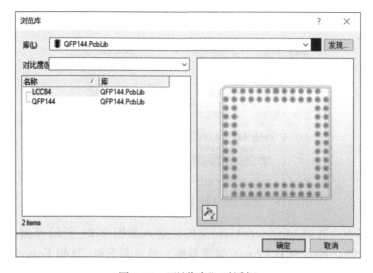

图 9-26 "浏览库"对话框

9.5 综合实例——创建集成库文件并利用向导创建 QFP 封装

建立集成库文件，并创建 56 个引脚的 QFP 封装，本实例所要创建的封装如图 9-27 所示。

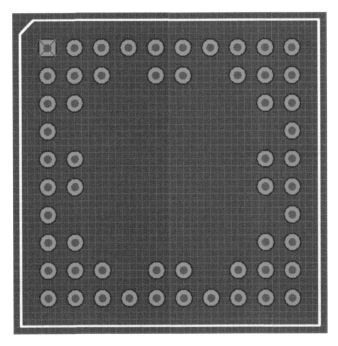

图 9-27 QFP56 封装

设计思路：

首选，创建一个集成库工程，并在工程下创建 QFP 封装，最后保存文件。

具体操作步骤如下：

【打开软件并新建集成库文件】

1）打开 Altium Designer 10 软件。

2）选择"文件"→"新的"→"工程"→"集成库"命令，创建一个集成库。在项目面板的 Projects 中可以看到文件名为"Integrated_Library. LibPkg"的新文件。

3）选择"文件"→"保存工程为"命令，或者单击右键"Integrated_Library. LibPkg"→"保存项目为"命令，系统将弹出保存文件对话框，在"文件名"文本框中输入"Integrated_NEW LIB"，并选择合适路径，单击"保存"按钮保存文件。

4）选择"文件"→"新建"→"库"→"原理图库"命令，创建一个文件名为"QFP56. SchLib"的原理图库；选择"文件"→"新建"→"库"→"PCB 元件库"命令，创建一个文件名为"QFP56. PcbLib"的 PCB 库；并选择合适路径，单击"保存"按钮保存。

【利用元件向导新建元件】

5）双击打开 Pcblib1. PcbLib 文件，在 PCB 元件编辑器中选择"工具"→"元件向导"命令，启动元件封装向导，单击"下一步"按钮，进入"器件图案"对话框，如图 9-28 所示。该对话框中选择 Pin Grid Arrays（PGA）形式、英制单位。

图 9-28 "器件图案"对话框

6）单击"下一步"按钮，进入焊盘尺寸设置对话框，设置外径为 60mil，内径为 30mil，如图 9-29 所示。

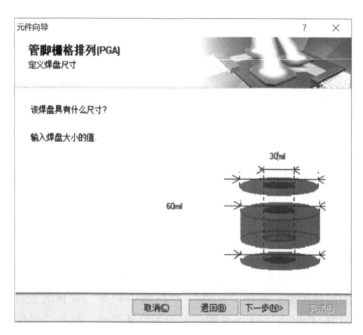

图 9-29 焊盘尺寸设置

7）单击"下一步"按钮，进入焊盘距离设置对话框，水平和垂直距离均为 100mil，如

图 9-30 所示。

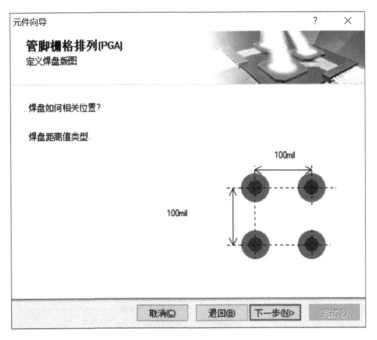

图 9-30　焊盘距离设置

8）单击"下一步"按钮，进入外轮廓线的线宽设置对话框，使用默认 10mil 线宽，如图 9-31 所示。

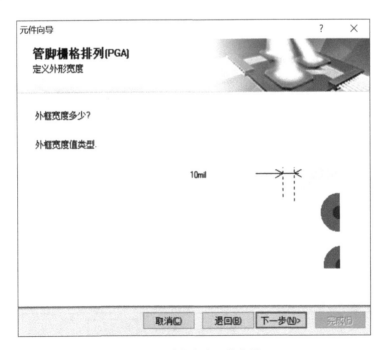

图 9-31　外轮廓线的线宽设置

9）单击"下一步"按钮，进入焊盘名称设置对话框，这里均使用默认值，如图 9-32 所示。

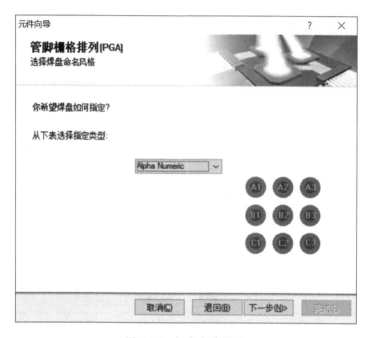

图 9-32 焊盘名称设置

10）单击"下一步"按钮，进入封装版图设置对话框，这里均使用默认设置，如图 9-33 所示。

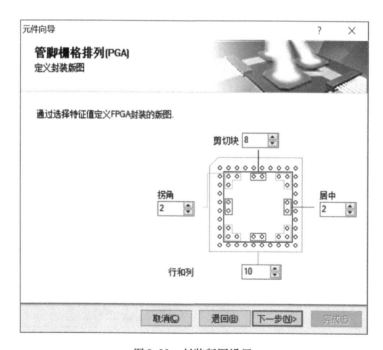

图 9-33 封装版图设置

11）单击"下一步"按钮，进入元件封装名设置对话框，默认文件名为 PGA56x10，将其改为 PGA56，如图 9-34 所示。

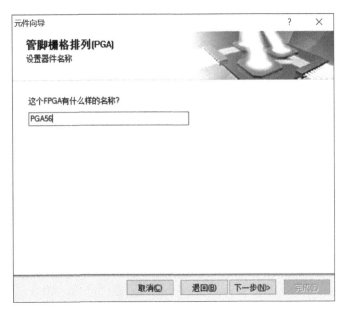

图 9-34 元件封装名设置

12）单击"下一步"按钮后，单击"完成"按钮，完成 QFP56 的创建。新元件封装如图 9-35 所示。

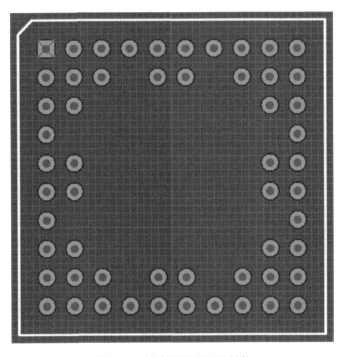

图 9-35 创建好的 QFP56 封装

【编译集成元件库】

13）选择“工程”→“Compile Integrated Library Integrated_NEW LIB. LibPkg”命令，编译集成库文件。系统自动生成一个名为“Project Outputs for Integrated_Library”的文件夹，系统在该文件夹中自动生成“Integrated_NEW LIB. IntLib”的集成库文件。

14）选择“文件”→“保存文件”命令或按〈Ctrl + S〉快捷键保存文件，文件名命名为“QFP56. PcbLib”。

习　题

9-1　简述手工创建元件封装的步骤。

9-2　如何通过向导创建元件的 PCB 封装模型？

9-3　本章中的元件封装为 2D 模式，其 3D 模式封装如何设计？请拓展分析。

9-4　试着做出几种形状不规则的封装，例如 T 字形、三角形。

第10章
PCB 报表生成

 重点内容:

1. 了解利用 Altium Designer 10 软件生成 PCB 信息报表。
2. 掌握 Altium Designer 10 软件中 PCB 图的打印输出。

技能目标:

1. 掌握 Altium Designer 10 软件信息报表的输出操作方法。
2. 掌握利用 Altium Designer 10 软件生成元件清单和对 PCB 各层图的打印以及输出 CAM 文件。

Altium Designer 10 软件提供了利用项目或文档生成各种报表和文件的功能,设计人员可以通过报表文件掌握设计过程和设计内容的详细资料,包括 PCB 信息报表、元件清单、网络状态报表、层次设计报表和 NC 钻孔文件等,本章将介绍这些资料的生成操作。

10.1 生成 PCB 信息报表

PCB 信息报表为设计人员提供了 PCB 的完整信息,如电路板的尺寸、元件数目、焊盘数、过孔数等信息。用户通过建立 PCB 信息报表及可以量化整个 PCB 的信息。本文以光盘中 CH11 文件夹中的工程 "单片机实验电路系统" 为例,主要获取 "STC89C52RC. PcbDoc" 文件的相关报表,生成 PCB 信息报表的操作步骤如下。

【实例 10-1】生成 PCB 信息报表

1) 选择 "报告"→"板子信息" 命令,打开图 10-1 所示 "PCB 信息" 对话框,该对话框中有以下三个选项卡。

通用:用于显示电路板的一般信息,包括板尺寸、图元数量(包括焊盘数、导线数、过孔数)等。

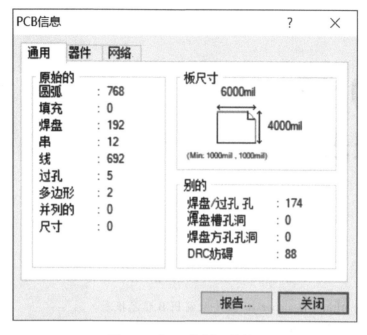

图 10-1 "PCB 信息"对话框

器件：用于显示电路板中元件的信息，包括元件的标识符、数量和所在板层的信息，如图 10-2 所示。

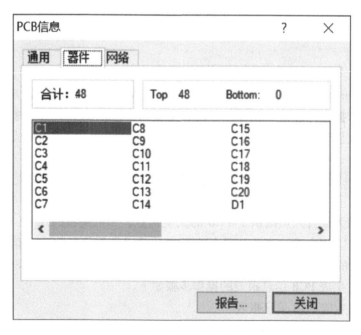

图 10-2 "器件"选项卡

网络：用于显示电路板中所有的网络信息，其中"加载"栏显示了网络的总数，下面分别列出了所有的网络名称，如图 10-3 所示。

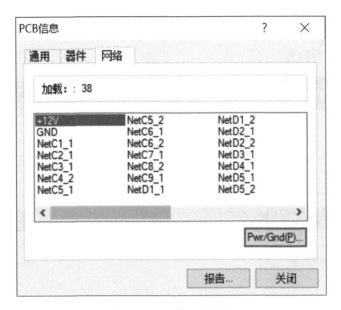

图 10-3　"网络"选项卡

2）单击"报告"按钮，弹出"板报告"对话框，如图 10-4 所示，可以对所列的项目进行选择，"有的打开"将选择所有选项，"有的关闭"将不选择所有选项。选择好选项后，单击"报告"按钮，系统将生成"Board Information-STC89C52RC.html"文件，如图 10-5 所示。

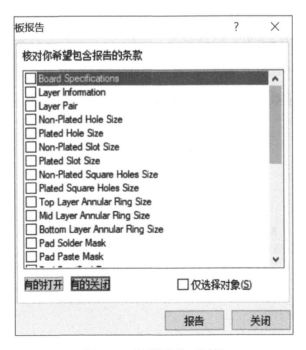

图 10-4　"板报告"对话框

243

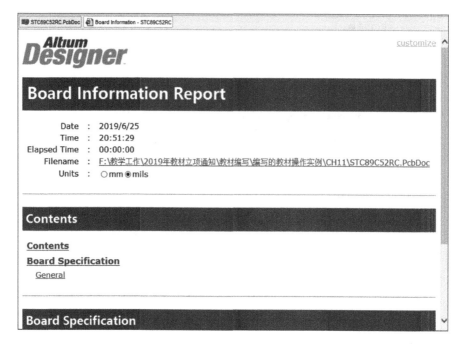

图 10-5 "Board Information-STC89C52RC. html"文件

3）可以在工程目录看到本文件的结构图，如图 10-6 所示。

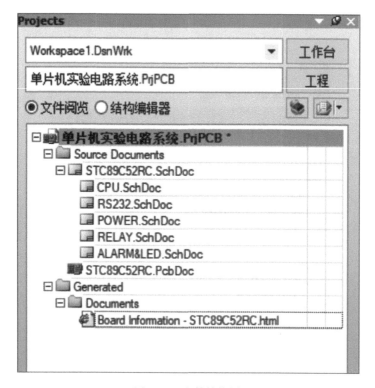

图 10-6 文件结构图

10.2　生成元件清单

元件清单是 PCB 设计中重要的一个文件，可以用来统计或项目中的元件列表，为设计人员提供材料信息，便于在生产加工环节提供材料信息。本节学习如何生成元件清单。

【实例 10-2】生成元件清单

1）选择"报告"→"Bill of Materials"命令，或者选择"报告"→"项目报告"→"Bill of Materials"命令，打开图 10-7 所示对话框。

图 10-7　"Bill of Materials For PCB Document"对话框

2）PCB 元件清单报表对话框左侧的"全部纵列"列表框用于显示元件属性项目，可以将该栏中的属性项目拖到上面的"聚合的纵队"栏，在"展示"列中的属性项目将在右侧区域中显示，并且按照"聚合的纵队"栏中的项目进行分组。

3）设置好元件清单的内容后，可以在"输出"区域设置元件清单报表文件的输出格式，在"导出选项"选项组中"文件格式"下拉列表中即可在选择生成报表文件的文件类型。单击"输出"按钮，弹出保存文件对话框，将报表文件保存。

4）在 PCB 元件清单报表对话框中单击"菜单"按钮，选择"报告"命令，即可生成相应的元件清单报表文件的"报告预览"对话框，如图 10-8 所示。

5）单击"打印"按钮，可以自动启动打印机，或使用"输出"按钮将 PCB 元件清单报表文件导出，导出的文件类型可以根据需要进行选择。

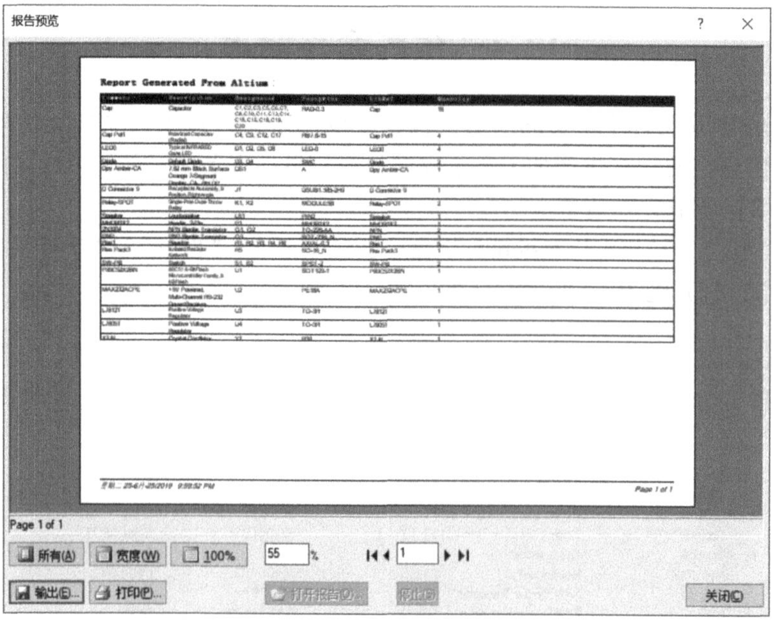

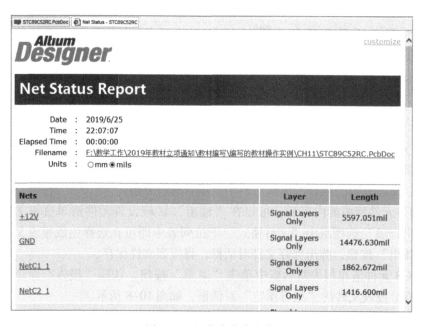

图 10-8 "报告预览"对话框

10.3 生成网络表状态

网络表状态列出电路板中每一条网络的长度，选择"报告"→"网络表状态"命令。系统生成的项目网络状态表文件，如图 10-9 所示。文件结构图如图 10-10 所示。

图 10-9 网络表状态文件

图 10-10　文件结构图

10.4　生成元件交叉参考表

元件交叉参考表要列出项目中各个元件的编号、名称以及所在的电路图等信息，选择"报告"→"项目报告"→"Component Cross Reference"命令，弹出元件交叉参考表对话框，如图 10-11 所示。本参考表与元件清单的"输出"等部分功能操作类似。

图 10-11　元件交叉参考表对话框

10.5 生成 NC 钻孔报表

NC 钻孔报表用于提供制作电路板时所需要的钻孔资料，该资料可直接应用在数控钻孔机上。

【实例 10-3】 生成数控钻孔报表

1) 选择"文件"→"制造输出"→"NC Drill Files"命令，打开"NC 钻孔设置"对话框，如图 10-12 所示。在该对话框中，可以设置 Drill 输出文件的单位和格式等参数。在实际工程设计过程中，在导出该报表时要和 PCB 制作公司确认好具体选项，以便于文件和生产厂商尺寸同步。

图 10-12 "NC 钻孔设置"对话框

2）设置结束后，单击"确定"按钮，系统弹出图 10-13 所示"输入钻孔数据"对话框，单击"确定"按钮即可。

图 10-13　"输入钻孔数据"对话框

3）系统将生成"CAMtastic1. Cam"文件，需要进行保存操作，如图 10-14 所示，同时生成"＊. DRR""＊. LDP"两个钻孔文件和"＊. DRL"与"＊. Cam"两个图形文件，并自动保存。此时项目管理视图如图 10-15 所示。"＊. DRL"文件是一个二进制文件，专供 NC 钻孔机使用。

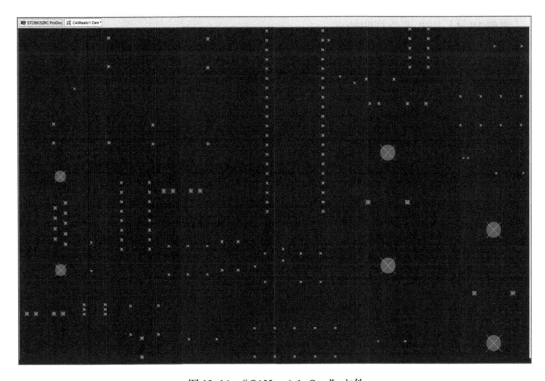

图 10-14　"CAMtastic1. Cam"文件

图 10-15　项目管理视图

10.6　PCB 图的打印输出

在 Altium Designer 10 软件中，无论是 PCB 图还是与其相关的报表文件，都可以进行打印输出，便于存档和项目的管理等。使用打印机输出，除了常规的打印机设置之外，首先要进行页面设置，然后设置打印层面，具体内容如下。

【实例 10-4】PCB 图的打印输出

1）选择"文件"→"页面设置"命令，弹出图 10-16 所示"Composite Properties"页面设置属性的对话框。在该对话框中，可进行以下设置：

图 10-16　"Composite Properties" 对话框

①"打印纸"选项组：可以设置打印纸的尺寸和方向。

②"缩放比例"选项组：可以设定缩放比例模式，可以选择 Fit Document On Page（文档适应整个页面）或 Scaled Print（按比例打印）选项。

③"页边"选项组：可以设定水平和竖直页边距，若选中"居中"复选框，则默认为中心模式。

④"颜色设置"选项组：用于设定输出颜色，可选择项分别为"单色""颜色""灰的"三种。单击"预览"按钮，可以对打印图样进行预览，单击"关闭"按钮，即可完成图元的页面设置。

2）在页面设置属性对话框中单击"高级"按钮，弹出图 10-17 所示"PCB Printout Properties"对话框。该对话框可显示当前 PCB 图所有板层，可以选择需要的板层进行打印。右键单击相应的板层，在弹出的快捷菜单中选择相应的命令，即可添加或删除一个板层。

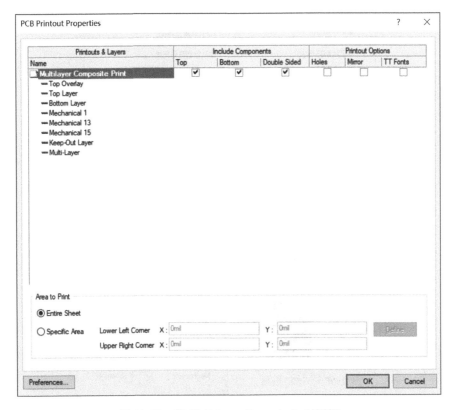

图 10-17　"PCB Printout Properties"对话框

3）若对某层进行设置，只需在"PCB Printout Properties"对话框中双击相应的板层，弹出图 10-18 所示"层工具"对话框，该对话框可以设置层与层上对象的属性。单击图 10-17 左下角的"Preferences"按钮，弹出图 10-19 所示"PCB 打印设置"对话框，可设置各层的打印颜色、字体等参数。

4）设置参数完成后，选择"文件"→"打印"命令，弹出打印机配置对话框，如图 10-20 所示，按照 Windows 软件打印机使用方法可对 PCB 进行打印。

图 10-18 "层工具"对话框

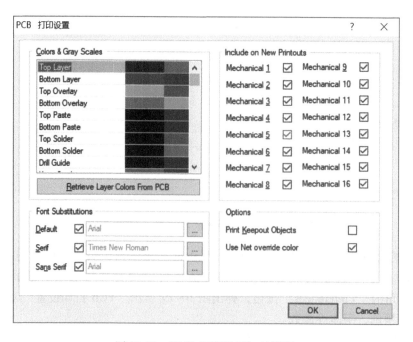

图 10-19 "PCB 打印设置"对话框

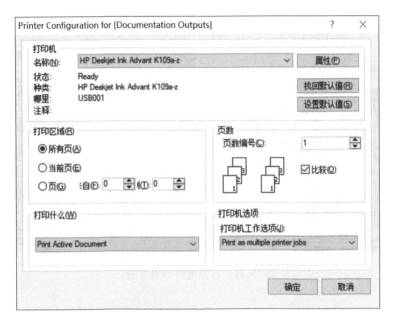

图 10-20　打印机配置对话框

10.7　综合实例——PCB 的 CAM 文件输出和图的打印输出

利用光盘已给的 PCB 文件案例，对该文件进行 CAM 文件输出，并对该 PCB 文件进行打印输出操作。光盘文件见附带光盘中的"实例 \ Ch10 \ 存储电路 . PRJPCB"文件。

工作思路：

以光盘中的存储电路为例，根据本章所学的内容输出 CAM 文件，以用于生产厂商进行 PCB 加工，再打印输出顶层和底层的走线图。方法为先设置打印机为打印顶层，打印输出顶层后再进行底层打印设置，接着打印输出底层走线图。

具体操作步骤如下：

【打开已有的 PCB 工程文件】

1）单击工具栏中的"打开任何存在的文件"快捷按钮，在打开的对话框中选择附带光盘中的"实例 \ Ch10 \ 存储电路 . PRJPCB"文件，然后单击"打开"按钮将 PCB 工程文件打开，在 Projects 工作面板中双击"存储电路 . PCBDOC"文件，将 PCB 文件打开，如图 10-21 所示。

【输出光绘文件】

2）选择"文件"→"制造输出"→"Gerber Files"命令，弹出"Gerber 设置"对话框，如图 10-22 所示。在"通用"选项卡中可以设置输出文件的单位和格式参数。

说明：Gerber 文件是可以进行生产的光绘文件，相关单位和格式必须与生产厂商进行沟通协调，否则生产的产品可能会有差错。

3）"Gerber 设置"对话框的"层"选项卡中设置输出板层，具体输出板层可根据设计者的需求来决定。在本选项卡左下角的"画线层"下拉列表框中选择"所有的打开"选项，

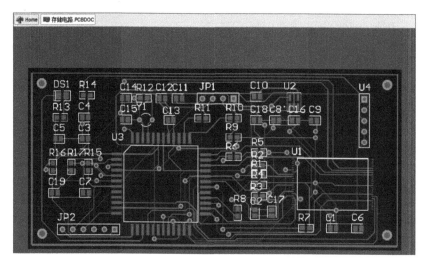

图 10-21 存储电路 PCB 文件

图 10-22 "Gerber 设置" 对话框

选中所有输出的板层，如图 10-23 所示。

一般情况下，需要选择的输出板层应包括所有布线层（Top、Bottom、中间层）、Top SolderMask、Bottom Solder Mask、Top Paste、Bottom Paste、Top Silkscreen、Bottom Silkscreen、Drill Drawing 和 NC drill。

4）其他参数维持系统默认设置，单击"确定"按钮进入生成 CAM 光绘文件命令状态，系统将生成图 10-24 所示"CAMtastic1. Cam"文件。

图 10-23　设置输出板层

255

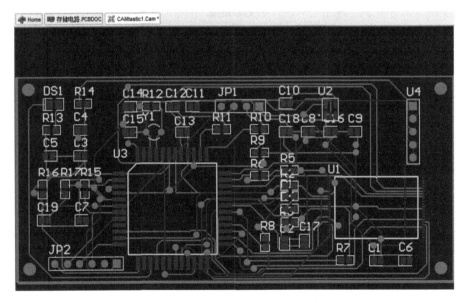

图 10-24　"CAMtastic1. Cam" 文件

5）可在工作面板中选择"CAMtastic"菜单，如图 10-25 所示，设计者可以根据需要输出各类设计文件，可以勾选各层，单独查看此 PCB 文件中的各层内容。

6）选择"文件"→"保存"命令或按〈Ctrl + S〉快捷键保存文件，打开图 10-26 所示保存文件对话框，选择合适的保存路径，文件名改为"Z80 Processor board. Cam"，单击"保存"按钮，保存该文件。

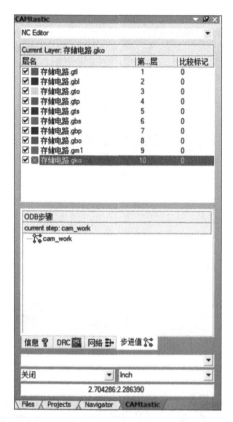

图 10-25 "CAMtastic" 菜单

图 10-26 保存文件对话框

【光绘文件打印】

7）选择"文件"→"页面设置"命令，弹出"Composite Properties"页面设置属性对话框，在其中单击"高级"按钮，弹出图 10-27 所示"PCB Printout Properties"打印输出属性对话框，删除列表中除 Top Layer 以外的层。

图 10-27　"PCB Printout Properties" 对话框

8）在欲删除的层上右键单击，在弹出的快捷菜单中选择 "Delete" 命令，删除完成后的 PCB 打印输出属性对话框如图 10-28 所示。

图 10-28　PCB 打印输出属性对话框

9）单击 "OK" 按钮返回 PCB 编辑器工作环境，选择 "文件"→"打印预览" 命令，可得 Top Layer 走线图层的打印预览如图 10-29 所示，单击 "关闭" 按钮关闭该对话框。

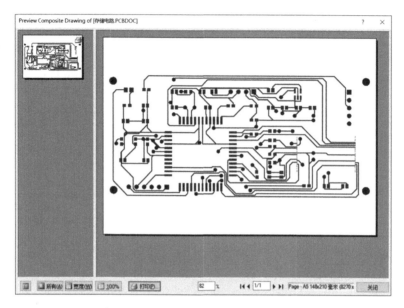

图 10-29 Top Layer 走线图层的打印预览

10）选择"文件"→"页面设置"命令，弹出"Composite Properties"页面设置属性对话框，在其中单击"高级"按钮，在弹出的"PCB Printout Properties"打印输出属性对话框中右键单击空白处，在弹出的快捷菜单中选择"Insert Layer"命令，弹出"层工具"对话框，在"打印层类型"下拉列表框中选择"Bottom Layer"选项，如图 10-30 所示。单击"确定"按钮返回 PCB 打印输出属性对话框。

图 10-30 插入 Bottom Layer

11）重复步骤 8）将 Top Layer 删除，单击"确定"按钮返回 PCB 编辑器工作环境，选择"文件"→"打印预览"命令，按照正常 Windows 软件打印机使用方法对 PCB 图进行打印，可得 Bottom Layer 走线图层的打印预览如图 10-31 所示。

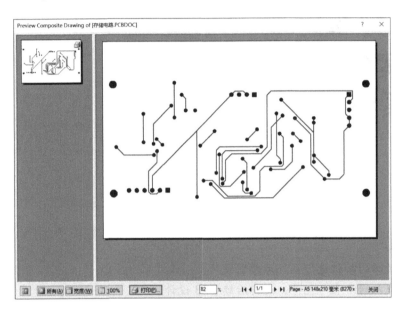

图 10-31　Bottom Layer 走线图层的打印预览

12）对于步骤 9）和步骤 11）中的打印预览，只要单击"打印"按钮，即可按照正常 Windows 软件打印机使用方法对 PCB 图进行打印，此书不在对文件打印方面进行详细讲解说明。

习　　题

10-1　简述如何生成 PCB 信息报表。

10-2　说明元件清单的主要作用。

10-3　简述本章中几种类型的表是如何输出的，其各自作用是什么？

10-4　试着对原理图文件和 PCB 文件分别进行打印，比较操作异同。

第11章
综合案例——单片机实验电路系统

11

 重点内容:
1. 利用所学的知识进行系统原理图设计。
2. 熟练载入网络表与元件,进行后续 PCB 设计。

技能目标:
1. 运用软件对 PCB 进行设计。
2. 对 PCB 进行元件布局和布线,对设计的 PCB 进行打印输出。

前文介绍了 Altium Designer 10 软件的基本操作方法,本章将以单片机实验电路系统的设计为例介绍整个工程项目的设计过程,用户在进行自己的设计时可以参考本章的案例。

单片机实验电路系统是学习单片机必备的工具之一。一般初学者在学习 51 单片机的时候,都要利用现成的单片机实验电路系统来学习编写程序,本章介绍一个单片机实验电路系统以供读者自行制作,案例采用层次原理图设计方法进行设计,将详细介绍原理图设计到 PCB 设计的整个过程。同时,通过本章学习可以温习并巩固之前所学的内容,使读者对 PCB 设计流程更加熟悉和明确。

11.1 设计任务和实现方案

实验电路系统通过单片机串行端口控制各个外设,可以完成大部分经典的单片机实验,包括串行口通信、跑马灯实验、单片机音乐播放、LED 显示以及继电器控制等。本实例中的实验板主要由以下 7 个部分组成:电源电路、发光二极管部分的电路、与发光二极管部分相邻的串口部分电路、与串口和发光二极管都有电气连接关系的红外接口部分、晶振和开关电路、蜂鸣器和数码管部分电路、继电器部分电路。单片机实验电路系统原理图如图 11-1 所示。

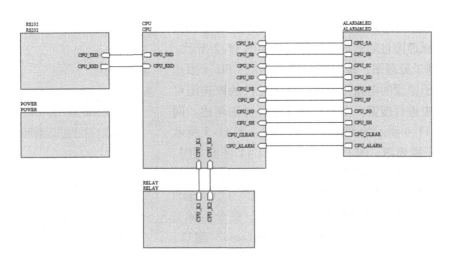

图 11-1 单片机实验电路系统原理图

设计思路：

首选，创建一个 PCB 工程，并在工程下创建新的原理图，选好存储位置对工程和原理图文件命名并保存。其次，对原理图中的元件进行分析统计，先放置好所有元件，确定各芯片的位置后进行元件布局，然后用导线将其连接起来，完成原理图的布局。在设计好的原理图基础上，进入 PCB 编译环境，设定规则和约束，进行元件自动布局，再进行自动布线操作，最后保存文件。

11.2 原理图设计

本实例的具体操作步骤如下：

1）新建工程：选择"文件"→"新的"→"工程"→"PCB 工程"命令，创建一个 PCB 项目文档。选择"文件"→"保存工程"命令，在弹出的对话框中选择好位置，将文件名称更改为"单片机实验电路系统. PrjPCB"，单击"保存"按钮进行保存。

2）新建原理图：选择"文件"→"新建"→"原理图"命令，创建一个原理图文档。选择"文件"→"保存"命令，在弹出的对话框中选择好位置，将文件名称更改为"STC89C52RC. SchDoc"，单击"保存"按钮进行保存。

3）放置图表符：选择"放置"→"图表符"命令，放置五个图表符，并按照系统原理图所示名称分别修改为 RS232、POWER、CPU、RELAY、ALARM&LED。

4）放置图纸入口：选择"放置"→"添加图纸入口"命令，并按照原理图中所示修改名称和端口方向等性质。

5）进行电气关系连接：选择"放置"→"线"命令，连接各种图纸入口，完成原理图的母图。

6）产生子图纸：选择"设计"→"产生图纸"命令，光标变成十字形，单击原理图中的方块图将自动生成方块文件名的原理图文件，并布置好端口，生成五个子原理图。对各个文件进行保存。

7）生成层次电路：选择"工具"→"上/下层次"命令，此时原理图自动形成层次分布，如图 11-2 所示。

8）绘制子原理图：按照图 11-3 所示的 CPU 子原理图，完成该子原理的电路图设计。电子元件的原理图可以在元件库中进行搜索，本部分设计不再详细阐述。同样，设计图 11-4 所示的 RS232 子原理图、图 11-5 所示的 POWER 子原理图、图 11-6 所示的 RELAY 子原理图、图 11-7 所示的 ALARM&LED 子原理图。

9）编译工程：在菜单中选择"工程"→"Compile PCB Project 单片机实验电路系统 . PrjPCB"命令，对工程进行编译。编译完成后，会弹出"Messages"窗口。如果没有致命的错误，则可以进行输出设计。

图 11-2　工程的层次原理图

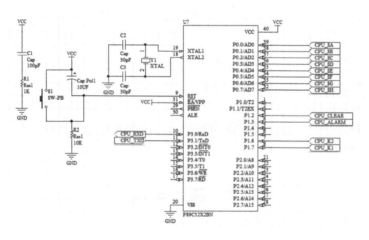

图 11-3　CPU 子原理图

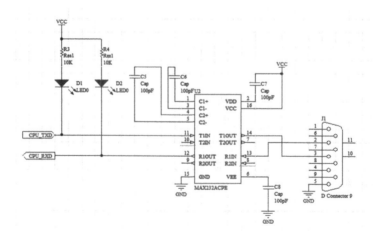

图 11-4　RS232 子原理图

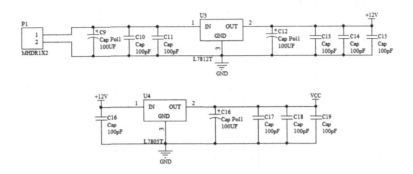

图 11-5　POWER 子原理图

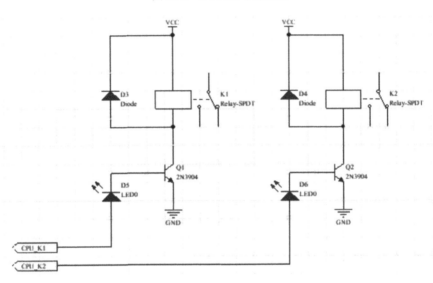

图 11-6　RELAY 子原理图

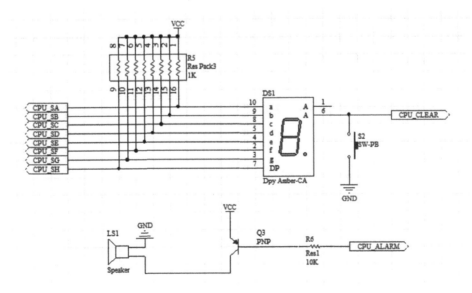

图 11-7　ALARM&LED 子原理图

10）生产元件报表：回到 STC89C52RC 原理图界面，在菜单中选择"报告"→"Bill of Materials"命令，弹出对话框，如图 11-8 所示。单击"输出"按钮可以输出 Excel 格式的文件，单击"确定"按钮关闭对话框。

图 11-8 "Bill of Materials"对话框

11.3 PCB 设计

完成原理图的设计后，需要完成 PCB 图设计。

1）新建原理图：选择"文件"→"新建"→"PCB"命令，创建一个 PCB 文档。选择"文件"→"保存"命令，在弹出的对话框中选择好位置，将文件名称更改为"STC89C52RC.PcbDoc"，单击"保存"按钮。

2）加载网络表和元件：在 PCB 文件编辑环境下，选择"设计"→"Import Changes From 单片机实验电路系统.PrjPCB"命令，弹出"工程更改顺序"对话框，如图 11-9 所示。单

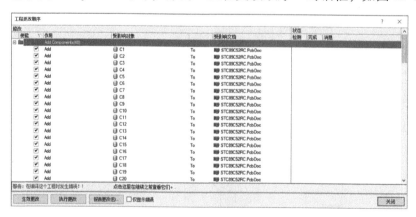

图 11-9 "工程更改顺序"对话框

击该对话框中的"生效更改"按钮，检查工程变化顺序，并使工程变化顺序生效。

3）在"工程更改顺序"对话框中单击"执行更改"按钮，接受工程变化顺序，将元件和网络表添加到 PCB 文件中，单击"关闭"按钮，如图 11-10 所示。如果工程更改顺序中存在严重错误，则装载将失败；如果之前没有加载元件库，则装载也会失败。

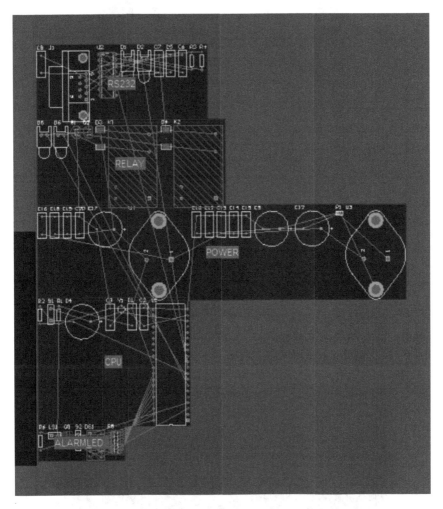

图 11-10　元件和网络添加到 PCB 文件中

4）自动布局：先在 PCB 上设定好"Keep-Out Layer"的外框，然后选择"工具"→"器件布局"→"自动布局"命令，弹出"自动放置"对话框，如图 11-11 所示，单击"确定"按钮，开始自动布局，自动布局后的 PCB 图如图 11-12 所示。可以看出自动布局效果并不理想，需要手动布局进行调整。

5）手工调整布局：程序对元件的自动布局一般以寻找最短布线路径为目标，因此元件的自

图 11-11　"自动放置"对话框

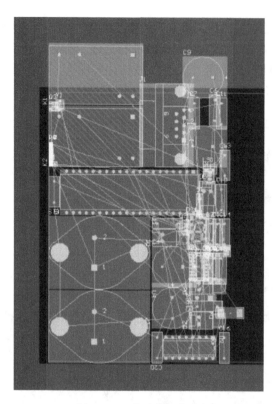

图 11-12　自动布局完成

动布局不太理想，需要用户手工调整。图 11-12 所示元件虽然已经布置完成，但元件的位置不够理想，因此必须重新调整某些元件的位置。手动调整后的元件布局图如图 11-13 所示。

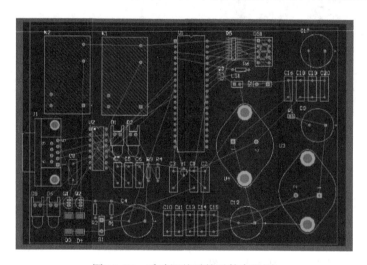

图 11-13　手动调整后的元件布局图

6）布线：选择"自动布线"→"全部"命令，弹出"Situs 布线策略"对话框，全部按照程序默认设置，单击右下角的"Route ALL"按钮，弹出"Messages"窗口，关闭该窗口，最后的布线结果如图 11-14 所示。

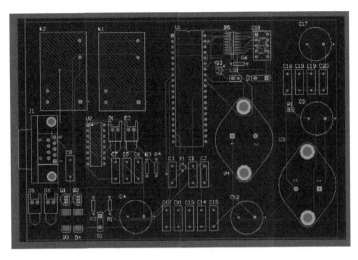

图 11-14　自动布线结果

7）加泪滴：选择"工具"→"滴泪"命令，弹出"泪滴选项"对话框，如图 11-15 所示。按照程序默认设置，单击右下角的"确定"按钮，完成加泪滴操作弹出"Messages"窗口，关闭该窗口。

8）敷铜：选择"放置"→"多边形敷铜"命令，弹出"多边形敷铜"对话框，如图 11-16 所示。属性中"层"设置为"Top Layer"，网络选项中"链接到网络"设置为"GND"，其余选项保持默认不变，单击右下角的"确定"按钮，弹出十字光标，设定敷铜范围，将"Keep-Out Layer"的外框均覆盖，单击鼠标左键，上表面敷铜后如图 11-17 所示。将属性中的"层"

图 11-15　"泪滴选项"对话框

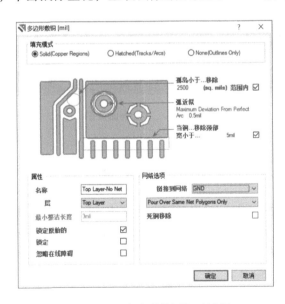

图 11-16　"多边形敷铜"对话框

改为"Bottom Layer",得到的上下表面敷铜如图 11-18 所示。

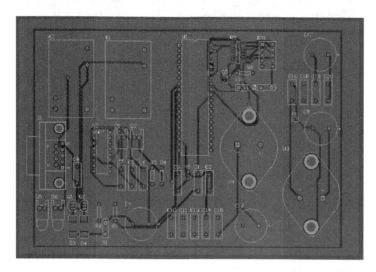

图 11-17　上表面敷铜

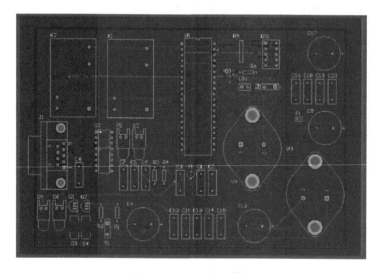

图 11-18　下上表面敷铜

11.4　打　印　输　出

完成原理图的设计后可以打印输出各层,本设计只打印顶层,操作如下:

1)选择"文件"→"页面设置"命令,弹出的"Composite Properties"对话框如图 11-19 所示,在该对话框中单击"高级"按钮,进入"PCB Printout Properties"对话框,在列表中选择欲打印的板层。

2)单击"OK"按钮,返回 PCB 编辑工作环境,选择"文件"→"打印"命令,按照系统软件打印机的使用方法对 PCB 图进行打印,打印视图如图 11-20 所示。

图 11-19 "Composite Properties" 对话框

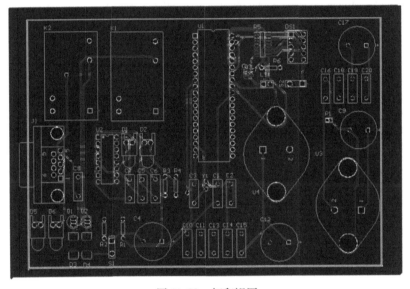

图 11-20 打印视图

参 考 文 献

［1］李珩，杨杉，欧大生．电路设计与制板：Protel DXP 实用教程［M］.西安：西安电子科技大学出版社，2004.

［2］赵志刚，吴海彬.Protel DXP 实用教程：修订本［M］.北京：清华大学出版社，2007.

［3］吴琼伟，谢龙汉.Protel DXP 2004 电路设计与制板［M］.北京：清华大学出版社，2014.

［4］谷树忠，耿晓中，王秀艳.Altium Designer 实用教程：原理图.PCB 设计和信号完整性分析［M］.北京：电子工业出版社，2015.

［5］尚蕾，张云杰.Protel DXP 2004 电路设计技能课训［M］.北京：电子工业出版社，2016.

［6］高立新，等.Protel_DXP_2004 电子 CAD 教程：修订版［M］.北京：科学出版社，2016.

［7］郑振宇，林超文，徐龙俊.Altium Designer PCB 画板速成［M］.北京：电子工业出版社，2016.

［8］林凤涛，贾雪艳.Protel DXP 2004 基础实例教程［M］.北京：人民邮电出版社，2017.

［9］边立健，李敏涛，胡允达.Altium Designer（Protel）原理图与 PCB 设计精讲教程［M］.北京：清华大学出版社，2017.

［10］李秀霞，马文婕.Altium Designer Winter 09 电路设计与仿真教程［M］.2 版.北京：北京航空航天大学出版社，2019.